读客经管文库

长期投资自己,就看读客经管。

30岁人生开挂
7步法

没资源、没背景的90后宅男每月获利50万元的简单方法

［韩］自青（자청） 著

赵维平 译

文匯出版社

图书在版编目（CIP）数据

30岁人生开挂7步法 /（韩）自青著；赵维平译. --
上海：文汇出版社，2023.10
ISBN 978-7-5496-4122-2

Ⅰ.①3… Ⅱ.①自… ②赵… Ⅲ.①成功心理－通俗读物 Ⅳ.①B848.4-49

中国国家版本馆CIP数据核字(2023)第175725号

Copyright © 2022 by 자청
All rights reserved
Published in agreement with
Woongjin Think Big Co., Ltd. c/o Danny Hong Agency, through The Grayhawk Agency Ltd.
Simplified Chinese Translation Copyright © 2023 by Dook Media Group Limited

中文版权 © 2023 读客文化股份有限公司
经授权，读客文化股份有限公司拥有本书的中文（简体）版权
著作权合同登记号：09-2023-0832

30岁人生开挂7步法

作　　者／	［韩］自青
译　　者／	赵维平
责任编辑／	邱奕霖
特约编辑／	吕颜冰　敖冬
封面设计／	于欣
出版发行／	**文汇**出版社
	上海市威海路755号
	（邮政编码 200041）
经　　销／	全国新华书店
印刷装订／	河北中科印刷科技发展有限公司
版　　次／	2023年10月第1版
印　　次／	2023年10月第1次印刷
开　　本／	880mm×1230mm　1/32
字　　数／	140千字
印　　张／	8.75
ISBN 978-7-5496-4122-2	
定　　价／	49.90元

侵权必究
装订质量问题，请致电010-87681002（免费更换，邮寄到付）

```
        ▲
       ╱ ╲   ── 逆行者（5%）
      ╱───╲
     ╱     ╲
    ╱ 顺理者 ╲
   ╱ (95%)   ╲
  ╱───────────╲
```

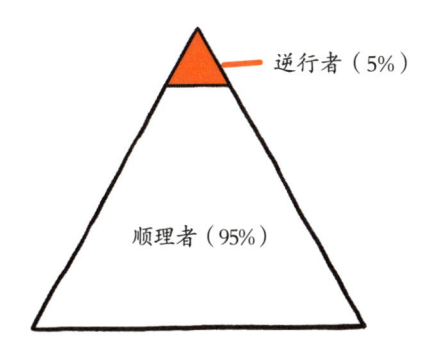

  95%的人会顺应命运，平凡地生活，我把这类人称为"顺理者"。

  5%的人拥有与命运抗争的能力，他们会依靠这种能力去获得人生自由，享受财富自由。我把这类和命运相抗的人，称为"逆行者"。

序　言
30岁出头，就创造了即使不工作也能月入1亿韩元[1]的被动收入

"1000万韩元到账了。"

他们又打钱进来了。在2022年第一个月，我的账户里就有3170万韩元汇入，这都是通过我分享的方法而获得财富自由的人汇进来的钱，他们向我表示感谢。其中有三个人每人汇了1000万韩元；还有八个人各自汇了不同的金额，加起来一共170万韩元。我总在想如何才能阻止这些人继续往我的账户上汇钱。"不要再感谢我了，你们自己拿着用吧。"很显然，金钱是人类的必需品，可我相信肯定还有比这更重要的东西，那就是"生活的自由"。我既不是什么了不起的企业家，也不像那些财阀那么有钱，更不是什么才子，我只是想把普通人可以获得财富自由的方法理论化。现在我可以这么说，在我人生最糟糕的时期，我通过"逆行者七步法"获得了自由。

---

[1] 折合约50万元人民币。——编者注

整个学生时代，我的人生就被三堵高墙所阻挡：学习、金钱、外貌。既是学校的最后一名，又是人生的最后一名，我被牢牢地困在这些高墙中，活得如同一具僵尸。我从来都没有嫉妒过谁，因为差距太大时，人类根本不会产生嫉妒这种情绪。我确信自己是最差的，我对人生不抱任何希望，我感觉我这辈子都不可能每月挣到200万韩元以上。我的梦想就是在半月工业园区的一家工厂就业，租一个单间，然后在里面玩游戏。我认为这就是幸福。事实上，直到20岁，我都一直是个宅男，除了睡觉，其他时间都在玩游戏。

20岁左右的我与现在的我

我虽然长大成人了，却连一份兼职都找不到，这确实有问题。一脸严重的青春痘，加上黑框眼镜、格子衬衫，所以我从不敢和别人对视。没有一个老板能接受我这样一个不能适应社会的人。突然间，奇迹出现了。在那之前，我很讨厌读书，所以也远离书籍，但后来我读到了一本书。拿起这本书的理由其实也非常简单，因为感觉自己不擅长人际关系，不能很好地与人相处，我想是不是读了书就会有所改善，因此选择了一本关于谈话技巧的书。其实书的内容也没什么特别的，就是特别强调倾听的重要性。正如书中所说的那样，认真倾听别人的意见，并做出反应，渐渐地就会感觉到他们对我的态度有所改变。在此之前不爱搭理我的人也开始慢慢地喜欢跟我聊天，而且他们会觉得向我倾诉苦恼很舒服。那时我看到了希望："原来人生也像游戏一样，有攻略啊。"

从那以后，我开始越来越了解人生的各种"通关技巧"，也得益于此，我慢慢地推翻了困住我人生的三堵高墙。生活并不是地狱，也不是永远无法改变的，而是一个可以不断升级的有趣游戏，甚至是一个比在线网络游戏更刺激、更有趣的游戏。

我人生的三堵高墙逐渐倒塌。我相信人生有攻略，当你获得了通关技巧，人生就会有新的变化。4年后的我，每个月都有3000万韩元的巨额资金流入账户。从那之后，随着经验的积累，我在30岁出头的时候，即使什么都不做，也能实现每月1亿韩元的被动收入。又过了几年后的今天，我怀着"还能有比这更幸福的事情吗"的想法，迎接每一个清晨的到来。

- 我最近每天早上起床的时候都会想："这就是我吗？""太不可思议了……"我不再是过去那个因外貌而深深自卑的我。我坚持打网球、健身、打高尔夫，过上了无比惬意的生活。
- 我在济州岛停留的两周时间里，写了这本书。得益于被动收入，即使我几乎不工作，也能在10天内赚到1亿韩元。我的账户里有数十亿韩元在滚动，我实现了"让钱生钱"的目标。
- 我身无分文时创立的公司，现在由130多名正式员工、实习生和兼职员工运营着。奇异的营销、Atrasan、Pudufu[1]等6家企业，即使我不在，它们也会正常运转。
- 就在不久前，我在江南市中心创办了"欲望书吧咖啡厅"。早晨我坐在楼顶平台上喝着咖啡开始新一天的生活，到了晚上就去新开业的清潭洞威士忌酒吧和大家聊天。
- 我不仅获得了经济上的自由，还获得了时间上的自由。虽然与一流的企业家和富豪们相比，我的钱还不够多，但是我的自由时间比任何人都多。

我把这些自认为是人生攻略的特殊方法，命名为逆行者七步法。我所有的通关技巧都写在这本书里，这些通关技巧降低了我的试错成本，使我人生的试错时间从10年缩短到3年。如果有时光机，真的很想把这本书送给10年前的我。如果当年我知道

---

1 高端电子书平台。

其中的一些知识，就不会那么辛苦了，更不会走那么多弯路，我也会更快地获得自由。可惜我没办法。我希望你能代替10年前的我读到这本书，踏上人生的捷径。我希望你能获得幸福，这就是我写这本书的原因。

逆行者七步法

所谓逆行者七步法到底是什么？

这些原理乍一看好像很难，但其实很简单。

第一步　摆脱自我意识
第二步　塑造身份认同
第三步　警惕基因误指挥
第四步　不断训练大脑
第五步　逆行者的工具箱
第六步　获得财富自由的具体方法
第七步　逆行者的转轮

大多数人都遵循着基因和本能的支配，因此注定无法摆脱平庸。然而，自己往往又被"我不一样，我肯定是正确的"的一种观念所束缚，陷入无限的自我合理化中。他们每天都在同一个圈子里打转,在精神和心理上不知道走了多少弯路。我比任何人都清楚这种情况,因为我直到20岁的时候还依然被困在这种圈子里。那么,为什么我们得不到真正的自由呢?为什么我们一直在谈论钱,却一辈子都在钱上挣扎?

"我靠自己努力学习,考上了名校,还读了很多关于股票的书,但是我仍然不能获得自由。我拼命地努力,为什么还是不行呢?"

我想回答你的是:"因为你没有按顺序走逆行者七步法。漏掉其中任何一步,你都很难踏上正途,从而也会距离真正的自由越来越远。"有时候,你需要先练好基本功才能发挥出相应的技能,有时候如果顺序不对,累积的效果就会发挥不出来。就像有些孩子整天都在努力学习,成绩却一直上不去一样。

只要反复按照逆行者七步法去走,你就能获得财富自由和人生自由,至少可以轻而易举地获得你目前收入的三倍。当然,这并不适用于所有人,至少你要有能读懂这本书的阅读能力。老实说,我觉得真正能好好读书的人真不多。

大部分人只是一味地努力,却不知道这些努力的重点在哪里,因此把精力都花在了不着边际的事情上,然后累了就放弃。或者是以"钱在人生中不是什么重要的东西"之类的借口放弃努力。这样是不行的,我们需要的是聪明的努力。我通过无数次的试错和反思,发现这些努力必须有一定的模式和排列,这就是逆行者七步法。

关于逆行者七步法，我先来简单介绍一下。为什么人类不能在经济、时间和精神上获得自由呢？这本书给出的答案是：因为你只按照基因和本能的支配生活。命运在某种程度上是从你一出生起就已经大致决定。出生在经济条件前50%的人，他们的生活会徘徊在45%～55%这个范围内，而他们自己却意识不到这一点，总是在潜意识中认为自己是前1%的人生赢家。

因为人是被潜意识、意识和基因支配的，所以首先必须斩断这三条绳索的束缚。潜意识界定了自己发展的局限，而意识又不断引导其合理化，于是阻碍了自己的发展。而且我们的基因从史前时代进化而来，适合过去的基因经常会与生活在现代的我们不匹配，其结果就是我们会做出很多错误判断，毁掉了自己的人生。

首先，你必须改变你的潜意识。不过，潜意识无法通过理性去改变。即使有人跟你说"你可以获得自由"，你的潜意识也会马上打开防御机制——说"我不行"。能够绕开这个机制最好的办法就是"听故事"。如果你听完50多个和自己情况一样的人获得自由的故事后，你的潜意识就会开始动摇，之后，你就能通过逆行者七步法，获得财富自由和人生自由。

第一步　摆脱自我意识

自我意识在人身上是不可或缺的存在。它是一种防止人类自我崩溃的保护机制，但过度的自我意识会阻碍我们的发展。比如，总是会说"我对钱没有真正的兴趣""世界上不存在赚钱的方法"这样的话，其实只是为了避免自我意识受到伤害而找到的借口。即使自己比任何人都想要拥有金钱，但在承认"钱是个好东西"的瞬间，他们会认为自己的人生被完全否定。大多数人是因为对金钱的恐惧，才会做出"回避"这种愚蠢的决定。最终，他们一次又一次地选择"回避"，浪费了自己的人生。只有当你愿意承认自己的不足时，你才能成长。

第二步　塑造身份认同

哲学家维特根斯坦（Wittgenstein）说过一句话："我的语言的界限，意味着我的世界的界限。"同样，身份认同的界限也是人的界限。例如，拥有"平凡韩国人"身份认同的人实现财富自由的可能性为零；而拥有"一个月能赚1亿韩元的人"身份认同的人，就会有一点点实现这个目标的可能性。这意味着，如果你能随意控制自己的身份认同，你不需要付出很大的努力就能达到目标。可以说，如果你赋予自己"成为畅销书作家"的身份认同，那么你真的有可能实现这个想法。当然，这样自如地塑造身份认同是非常困难的。正因为如此，第二步讨论了如何有意识地形成"身份认同"。如果你能随心所欲地调整自己的身份认同，你获得自由的概率就会以几何级数增加。

第三步　警惕基因误指挥

如果你是一个普通人，你的生活往往会被基因的误指挥所干扰。只有你明白了你的行为会受到基因的控制，你才能保持理性的思考，过上更美好的生活。什么是基因误指挥？数十万年来，我们的身体和本能都在进化，以适应不同时代的环境。在原始时代，我们看到食物就要无条件地冲上去，这样才有利于生存。但对于因能量摄入过多而患上成人病的现代人来说，这种本能反而会让人陷入危险境地。这种错误的本能就是"Kluge[1]"，就像被定义为见到光就往前冲的飞蛾会困在路灯里死亡一样，过去在进化上处于有利地位的本能留在我们的脑海中，它们有时候会像病毒一样对我们造成负面影响。如果不能很好地理解这些本能的运作方式，我们就会反复做出错误的判断，终身遭受痛苦的折磨。我为什么想要这个？这种欲望从何而来？理解了Kluge的人，就能摆脱欲望陷阱，在人生中获得极大的自由。

---

1 《怪诞脑科学》（*kluge*）一书中称之为"克鲁机"。克鲁机本来指的是由不配套的元件组成的计算机，延伸为在旧体系中不断叠加新体系的构造。比如，在一个年代久远的发电厂中，有三套不同层次的技术，分别是计算机技术、真空管、气动机械。其构造是典型的克鲁机：计算机操控真空管，真空管又操控着气动机械来发电。不是工程师不愿意推倒重来换上新设备，而是推倒重来会导致巨大损失，所以只能保持这样的克鲁机方法。我们的大脑是克鲁机，导致我们在回忆、信念、挑选、语言、快乐和精神等方面经常受到困扰。意识到我们在进化中的不完美，就可以针对大脑的特色改善这些不完美，打败我们的健忘、焦虑，以及反应延迟，改善自身和社会。

第四步　不断训练大脑

即使你理解了本能的局限性，如果你的大脑不灵光，也无法获得自由。如果你的阅读能力较差，即使看了这本书也不懂是什么意思，也就无法吸收在第五至第六步的知识和方法论。赚钱也是一样，很多人都不知道该做什么事情，只是在身体受苦之后就选择放弃。你得不断地训练大脑。但是有人说智力不是天生的吗？我认为不是这样的。

稍后你将阅读第一章，读一下我的故事就知道了，我很笨，怎么学习都不行。我复读了三次，还是逃不出4等级[1]的命运，可我后来通过脑科学知道了如何让自己变聪明。我想我现在已经很聪明了，我研究了各种高效用脑的方法后，甚至还感觉这并没有什么难的。后面我会介绍一些我自己验证过的"训练大脑"的方法。不必花费多少心思，只要能养成习惯，就能受益终身，这是性价比最高的方法。

第五步　逆行者的工具箱

人类一天要重复无数个决定。假设一个普通人每天做10个判断，其中包括5个正确的判断，5个错误的判断。如果这个人通过"逆行者的工具箱"把做出正确判断的概率提高10%，会发生什么？简单来说，如果每天能多做出一到两个好的判断，

---

[1] 韩国高考划分为9个等级，4等级一般是指前23%～40%的成绩。

那么10年，3650天的时间里，好的判断就会累积成复利。复利的力量是巨大的，日后会使你的人生产生与旁人悬殊的差距。其结果是你不仅仅能获得财富自由，而且能获得"人生自由"。因此，我们有必要在第五步学习"逆行者的工具箱"。

第六步　获得财富自由的具体方法

前五步，可以说是在训练你的基本功。如果你的腹肌、大腿、手臂、腰部等各个部位都已经训练得很好，不管做什么运动，你都能很快产生好的结果。否则即使基础再好，第一次拿起网球拍的人也无法打出精彩的比赛。

第六步具体讨论如何在不同的情况下获得财富自由。通向财富自由的道路是如此多样，所以我打算勾画出无论在任何情况下都能通向财富自由的方法。不管你是在中小企业工作，还是在大企业工作，是从事低薪工作，还是个体经营，或者是无业游民，实现财富自由的可能都无处不在。

第七步　逆行者的转轮

人天生害怕失败并抗拒挫折。在史前时代，失败和挫折与死亡直接相关，因此人类从很早以前就对失败和挫折有着过度的恐惧。这就是在挑战新事物时犹豫不决，工作失败时压力过大的原因。但是逆行者知道这种原始恐惧是无用的。进而发挥"逆行"这种本能，故意面对失败，从而提升自己的实力。世界上顶尖的网球运动员、足球运动员和职业玩家在登顶之前要输掉上千次。球员们知道，随着自己水平的提高，他们会和更强的对手比赛。而优秀的运动员更知道，比起胜利，经历失败才能使自己真正升级。如果你想参加"成为有钱人"的游戏，就必须面对如此这样的失败。逆行者通过第一步到第六步的转轮来面对失败，再反复升级，然后在某个瞬间，不知不觉中达到完全自由。

即使世上没有免费的午餐

　　这本书没有介绍"首尔大学的学生如何创建独角兽公司[1]""赚取数千亿韩元的方法"，只是在讲述一个智力低于平均水平的人，如何在金钱、时间和精神上获得真正的自由。所以，本书不适合那些想改变世界的企业家或者是想积累更多财富的资产家。我没有想要逼你拼命攒钱的意思。

　　每个人的价值观都不一样。我认为"享受生活，快乐生活的人才是赢家"。我不喜欢牺牲现在去展望未来。正因如此，我想对你说"一边玩，一边休息，有效率地生活吧"。实际上，我在实现财富自由之前的10多年里也没有过得很辛苦，一

---

1 独角兽公司一般指成立时间不超过10年，估值超过10亿美元且暂未上市的创业公司。

般保持每天睡眠8小时以上，而且周末必须休息，与人交往。我从不勉强工作，但坚持基本的原则，努力遵循逆行者七步法，如下所示。

- 每天花两个小时读书或写作，其余时间休息，这是升级大脑的最好方法。
- 一天一次，"思考五分钟"。将这些空白的时间积累起来，就能做出好的决定。
- 积极地玩耍，而且一定要睡8小时以上。玩是人类幸福和健康的需要，是产生创造力的源泉。
- 如果不想读书，那就一周读一天，而且只读30分钟吧。日后读书所带来的回报将不可估量。

有些人拼命努力，却永远得不到自由。如果仔细观察他们，就会发现他们要么只沉浸在七步法中的某一步，要么会跳过几个步骤。因此，虽然他们在努力地生活，但受到自我意识的干扰，对"赚钱的方法"本身产生了严重的排斥感（第一步）；或者沉浸在"我的极限只能到这里"的认同感中，只做自己分内的事情（第二步）；或者被基因和本能所控制，无法做出理性的判断（第三步）；或者不再训练大脑，无法处理新的信息（第四步）；或者重复"徒劳之举"而不是概率游戏（第五步）；或者只了解到第五步却不知道具体的获得财富自由的方法（第六步），不积极开始下一步的行动，却找出一堆理由。这样做不是一个好的选择。

我认为世界上肯定存在着一本攻略集，你只需要按照它上面的顺序做就行。可以明确地说，本书虽然无法告诉大家"如何成为数千亿的资产拥有者"，但我有信心告诉你获得自由的方法。现在，你准备好在玩耍中获得自由了吗？让我们开始吧。

目　录

第一章　我是如何获得财富自由的

三堵高墙 —— 我曾经相信人生中有绝对无法逾越的东西 / 004

一天两小时，奇迹开始出现 —— 逆行者的第一条线索 / 010

背水一战 —— "19 000韩元到账" / 017

隐藏在幸运背后的事 —— "还有比这更糟糕的状况吗？" / 022

人的气量 —— 人有多大气量，就能赚多大钱 / 026

追溯过去 —— 在金钱、时间、精神上获得真正的自由 / 030

第二章　逆行者第一步 —— 摆脱自我意识

自我意识是毁灭人的原因 / 041

我十分珍惜的那些人 / 046

摆脱自我意识的三个步骤 / 049

浪费人生的特殊方法 / 054

第三章　逆行者第二步 —— 塑造身份认同

如果我能把我的脑袋格式化的话 / 062

打破固定思维 / 068

人们总是喜欢舔舐自己心灵的伤口 / 078

第四章　逆行者第三步 —— 警惕基因误指挥

大脑是如何进化的 / 088

进化的目的不是完美，而是生存 / 090

战胜基因误指挥的逆行者思维方式 / 092

克服基因误指挥，赚取 30 亿韩元 / 097

第五章　逆行者第四步 —— 不断训练大脑

让大脑以复利生长 / 105

训练大脑第一步 —— 22战略 / 110

训练大脑第二步 —— 五子棋理论 / 117

训练大脑第三步 —— 提升脑容量的三种方法 / 123

第六章　逆行者第五步 —— 逆行者的工具箱

付出者理论 —— 逆行者得一给二 / 137

概率博弈 —— 逆行者只押注概率 / 143

提坦道具 —— 基因中铭记的工匠精神 / 150

元认知 —— 主观判断是顺理者的专利 / 159

执行力水平与惯性 / 164

在1分钟内证明生活为什么如此简单 / 166

第七章　逆行者第六步 —— 获得财富自由的具体方法

赚钱的根本原理 / 175

攻下财富自由这座城堡的方法 / 181

不管你是上班族还是无业游民，是19岁还是50岁 / 186

财富自由的五种学习方法 / 189

年轻富豪是如何学习的 / 196

设计走向财富自由的方法 / 200

第八章　逆行者第七步 —— 逆行者的转轮 / 221

后　记　成为逆行者，享受真正的自由 / 230

参　考　把我塑造成逆行者的书单 / 234

附　录　能够马上赚钱的无资本创业项目 / 240

第一章

我是如何获得财富自由的

"遵循逆行者七步法，你就可以在生活中获得真正的自由。"听到这句话的那一刻，你是什么心情？你的防御机制马上会从你的潜意识里跳出来："别胡说。""我会吗？""你只是个特殊案例。"……因为我在十几岁、20岁出头的时候也经常有这样的想法，所以我很清楚那是一种什么样的心情。

如果你不能打破这种防御机制，你就永远不会改变。在那种状态下，读任何书都只会产生"这是在胡说八道""我做不到"之类的想法。

想要战胜这种潜意识，应该采用什么样的策略呢？听50多个跟你拥有同样的情况，却获得了真正自由的人的故事就可以了。因为人类拥有镜像神经元，所以就算是听别人的故事，也会想象自己发生了同样的事情。通过故事情节一起感受喜怒哀乐，沉浸在这个充满戏剧性的故事中。就像那些看了奇幻漫画的孩子总喜欢模仿主人公的动作，喊出里面的台词一样。

在这一章里，我将讲述我是如何获得财富自由的。希望通过这个故事，改变你的固有思想。之后我将从第二章开始正式讲述逆行者七步法。下面的故事，希望大家能以轻松的心情来阅读。

三堵高墙 ——
我曾经相信人生中有绝对无法逾越的东西

"明臻[1]，你的脑子是榆木疙瘩吗？怎么学习那么差？我当年好歹也是班级前10名，一共15科，我没考好的科目成绩也有70分。再瞧瞧你，怎么考得最好的科目也只有69分呢？看来你真不是学习的料。"

16岁的我，在班里排第35名。成绩排在我后面的那些同学根本不学习，可我熬夜拼命学习，结果却与最后一名如此接近……真是无法理解。在"学校"这个世界里，我就是那个最差的学生。因为这种事情过于频繁地发生，所以我的生活一直伴随着"做什么都不行"的挫败感。朋友们也经常对我开玩笑地说："你到底擅长什么呢？"

就在此时，发生了一件让我更加悲催的事情。我有一个暗恋的女孩K，可她的一帮死党选出的"班里最讨厌的男生"第一

---

[1] 明臻，作者原名"宋明臻（Song Myung Jin）"，笔名自青。

名就是我。在学生时代，凡是和我坐同桌的女生都经常会哭哭啼啼。虽然我总是遭遇这种事情，但当选"讨厌男"第一名还是令我深受打击。

我不仅学习不好，长得丑，还穷得叮当响。我们家住在安山最差的小区里，这还是亲戚可怜我们，才租借给我们住的房子。你知道那种房子吗？它与公寓不同，而是那种平房，非常阴冷，如果不打开地暖，地板就会冷得把人冻伤。我们家就是如此。真的无法想象住在这样的家里不穿袜子会有多么可怜。即使在睡觉的时候，我们也要穿好几层衣服，穿着袜子，还要穿夹克外套。当然，与穿着衣服睡觉的不适相比，躺着哈气的时候更难熬，像是在地狱里一样。因为没有热水，一个月不能洗澡，我也因此在学校里多了一个"臭烘烘"的外号。母亲经常会哭着向催债的亲戚求情。

我怨恨神灵。我父母的长相都不错，哥哥也在谈恋爱，唯独我长得丑。因此，我还想过自己是不是捡来的孩子。妈妈也经常笑着说我是从桥下捡来的，惹得全家人也跟着笑。每次听到那句话，我都笑不出来。我觉得，除了是捡来的，自己这副丑陋的样子没有其他可以解释的原因了。如果真有神灵，怎么能这样对我呢？每当站在破旧的卫生间里照镜子时，我都会感到自己没有信心过好这一生。中学时期，我总在睡前祈祷："神啊，如果真的觉得我很可怜，明天就请把我变得好看些吧……"

这个世界似乎太不合理了。学习、外貌、金钱，对我来说，其中任何一样东西都像是一堵无法逾越的高墙。我到底为什么不能像普通人一样平凡呢？其中最高的那堵墙，应该就是大我4岁的表姐了。表姐的父母分别是校长和教导主任，而且她家境富裕。住在蚕室洞高级公寓的表姐一家每逢节日就能吃牛肉，这也让我十分羡慕。表姐长得很漂亮，还以优异的成绩考入了釜山教育大学，毕业后当了小学老师。在当时，就连班级前十名那些嘲笑我的同学，也绝对不敢奢望教育大学。因为在我们那所中学，只有全校前两名才有希望考上教育大学。而我的表姐，就站在我人生无法逾越的三堵高墙之上。

19岁之前，我一直在玩游戏。这是在逃避现实。从睡醒到再次入睡，我只玩游戏。19岁的时候，要准备高考了，虽然我学习了整整一年，但平均考试等级还是在5.5等级[1]，我努力学了一年的分数还不如一点都不学习的同学。最终，我进入了地方大学夜校计算机工程系。我觉得对我来说，这个专业学习本身就很困难，所以直接放弃了学业。母亲看不下去，唠叨说："明臻啊，你能不能有点出息啊。不要整天待在家里，出去做个兼职吧。"虽然我答应着说"我知道了"，但是谁会要长得像我这样的宅男呢？我根本没有自信。我向10家招兼职的便利店投了我的简历，真的没有一个地方选我。

但是我妈妈没有放弃："儿子，今天妈妈去了趟电影院，发

---

[1] 高考成绩在前40%～60%。

现那边兼职生们都长得很帅,我儿子也长得很帅,所以咱们去报名试试吧。"我想:"也只有在妈妈眼中,我是她帅气的儿子吧?我是这世界上最没用的存在……"虽然在母亲的劝说下,我勉强报了名,但结果还是不出意外地被淘汰了。愤怒的母亲打电话给电影院,强烈抗议:"为什么我儿子不行?他为啥不行啊?"惊慌失措的经理可能感觉这样不行,于是很不情愿地提了一个建议:"那周一至周五的上午来怎么样?反正那段时间也没有人报名,如果您不介意的话,请叫您儿子过来吧。"我就是这样找到了人生中的第一份工作。

如果说我没有任何期待,那是在撒谎,但是没有人会喜欢一个只爱玩游戏的宅男,我刚开始工作就被孤立了。没有人会喜欢一个傻乎乎的、20岁还没有自己买过一件衣服的人。我在工作上也是频频失误,40多名兼职者开始在背后议论我。我总是糊里糊涂的,忘记该做的事。有一天,本来应该开冷空调,我却开了暖气,看电影的观众纷纷抗议,最后电影院不得不选择退款事情才得以平息。这件事情之后,经理看我的表情让我至今难忘。工作期间,本来应该站在检票口前,我却偷偷地坐在厕所里休息,常常被逮着。我所有的一切都糟透了。一起工作的兼职者们自然而然地不再叫我参与后面的事情了,那些刚从部队退伍回来的哥哥根本不把我当人对待。

因为几乎没怎么上学,所以我第一学期的成绩几乎全是F。我不去交了400万韩元学费的学校上学,却为了月薪50万韩元在电影院打工，你说还有比这更愚蠢的人吗？第一学期，我花了6个月的时间去追求自己暗恋的大学同学，结果没追上；第二学期，我追一起做兼职的女生，结果还是没追上。我并没有感到特别失望，因为失望也是一种需要期待才能体会到的情感。而我对自己的人生没有什么期待，所以想着"又没追上啊"，就随随便便地过去了。我认为反正我是交不了女朋友的。

但是在20岁的那一年冬天，我遇到了人生中最大的一个转折点。一起做兼职的姐姐路过时对我说："明臻，新开了一家安山中央图书馆，真的太好了。"兼职结束后，我就去了那里。因为之前没有好好读书，我不知道该选什么，很是慌乱，突然我想到了自己的烦恼。"有没有一本书能让我和别人相处得更好？或者是那种能让自己和女生轻松对话的书？"于是，我在自我启发相关书的区域里，拿起一本关于对话方法的书开始阅读，里面的内容很简单，讲述了与其自己主动说话，不如学会倾听。然后我又看了几本相关书籍，里面都有相同的内容，就是要好好倾听别人的话，然后对对方的话做出反应，不要着急提出建议，等等。

于是，我开始尝试将书中的内容运用到电影院里一起兼职的人身上。那些一开始不怎么搭理我的人慢慢开始有了不同的反应。好神奇，他们总想和我说话。刚开始他们大部分都是倾诉苦恼，后来开始向我咨询，然后叫我一起去网吧或者一起参加聚餐。我真切地感受到了读书的威力。

小时候，我游戏玩得很好。秘诀很简单，就是在和朋友们玩新游戏玩儿完后，我就回家偷偷看网站留言板上的攻略集。朋友们玩了几百局游戏，我则埋头苦读攻略集，而不是增加玩游戏的次数。偷偷学习一两周后再和他们玩游戏的时候，我们之间就没有什么可比性了。我总是能轻松地打败我的朋友。那些玩了几百局的朋友，跟只玩了100局的我比赛时，我总是能以压倒性的优势获胜。这要归功于游戏攻略集。

多亏了那些关于对话方法的书，人们对我的态度发生了变化。我想，就像游戏有攻略集一样，人生是不是也有攻略集呢？游戏的攻略集网站上有，而我认为人生的攻略集就是书。想到这里，我完全被迷住了。我想反正自己也没什么好失去的。20岁那年的12月，我辞去了干了6个月的人生第一份工作，电影院的兼职工作，然后钻进安山中央图书馆里，花了两个月时间读了200多本自我启发书和心理学书。当时我的阅读能力不够，脑子也不够灵活，所以走马观花一般地阅读了中学生应该读的一些简单的书，然后遇到喜欢的句子就都记在笔记本上。

我有一种神奇的感觉：我一辈子都没读过什么书，只是无知地活着，但我非常喜欢现在整天看书的自己，自信也奇妙地出现在了我身上。"这些人在这么困难的情况下，最终也都做到了。"读了100多个成功的故事之后，我开始相信自己一定能成功，潜意识就这样开始慢慢地改变。

和初中、高中时最聪明的两个朋友见面时，我们只要聊起读书时学到的内容，就会滔滔不绝，甚至能忘记时间的流逝。

得益于我对话技能的提升,我的朋友们也都喜欢和我聊天,于是我也开始有了新的欲望:"如果我重新进入大学的话,我能和像他们一样聪明的人交谈吗?我想再去大学里看看。"

这又是一个悲剧的开始。

一天两小时,奇迹开始出现 ——
逆行者的第一条线索

我现在21岁了,又有了上大学的想法,但是我没有钱,也不知道该怎么办。我傻乎乎地选择了自学。这次为了寻找高考攻略集,我在网上搜了一遍,找那些尖子生在一起讨论的群,阅读群里上传的无数成功后记,"原来这样才能考上好大学啊"。就像看游戏攻略集就能排在前1%一样,我期待着等我熟练掌握这些高考攻略集后,自己的成绩也能一下子提上去。就这样,一年来我每天往返于安山中央图书馆。

后来我认识了两个有趣的人。A大哥30多岁,把他称为流浪汉都毫不为过。在我读自我启发书和心理学书的时候,他经常在我对面学习经济和股票买卖。长发的他穿着几乎从来不洗的衣服来到图书馆。我以为他是个经济困难的人,但是有一天,我偶然看到一辆进口车停在图书馆前,A正从那辆车里走出来。怎么会这样!当时在安山几乎看不到一辆进口车。"发生了什么事？"后来我才知道，原来他是一个白手起家的富翁。据说，他从小就尝试过各种各样的创业项目，但都不顺利，后来学习股票，开始投资，终于赚了大钱。他当时迷上了哲学和经济学，现在想来他也是个很有智慧的人。对于我这个孤独地学习了整整一年的人来说，他是唯一一个可以聊哲学的朋友。

下半年，我遇到了50多岁的大叔B。有一天，图书馆旁边的座位上坐了一位胖大叔，突然斥责我不要出声。当我郑重地向他道歉时，他对我说："一起喝杯咖啡吧。"于是，他带着我出去从自动咖啡机里买了一杯速溶咖啡。原来他毕业于延世大学经济系，曾担任过银行行长，现在退休了。为了考房地产经纪人资格证，他每天去图书馆。这个胖大叔也是我这一年的好朋友。有一次，他邀请我到他家里，对我说："在美国，即使相差20多岁也能成为朋友，咱俩虽然相差30多岁，但也是好朋友，我感觉你以后必将成大器。"虽然房地产经纪人资格证考试只要60分就可以及格，但胖大叔还是以80分名列前茅的成绩拿到了证书。

在一年孤独的自学生涯中，这两人是我的好朋友。两位都是在社会上足够成功的人，总是对我说我一定会成功，这给了我很大的力量。那么，我最终高考的结果怎么样呢？与他们的期望相反，我的平均等级只有4.5级，这个分数上不了任何大学。我觉得很丢脸，也不敢主动联系流浪汉大哥和胖大叔。高考结束后，我就算后来偶尔遇到他们，也只是打个招呼，慌乱地逃走。我再也见不到他们了。

我为什么会再次失败呢？我不停地看书，沉浸在幻想中。随着读书和知识的积累，我只是误以为"我是个了不起的人""我什么都能干"，但三堵高墙依然把我挡在了门外。现实是残酷的。在家里，嘲笑声接踵而至："意料之中啊！"我的亲哥哥对我说："我真怕你以后长大了，会像兴夫[1]那样来找我借钱。"

我无法接受这样的事实，总是缠着妈妈说："因为我是自学的，所以才失败了，把我送到首尔的复读补习班吧。"不出意外地，妈妈很反对，说："没钱送你去一个月100万韩元的补习班。"逢年过节，我在亲戚们面前谈了自己的抱负，舅舅和叔叔支持我，补习班的费用由我外婆来支付。上补习班期间，我也改住在外婆家。按照年龄计算，我已是四战高考的22岁大龄青年了。学习期间，外婆每天早上都会给我做好早饭，这也是我一生中最温暖的一年。

虽然我几乎是以最后一名的成绩进来的复读生，但我的班主任还是很喜欢我。高考前，老师说："明臻是第一个成绩提高了这么多的人。"可见我的模拟考试成绩非常好。尤其是，进入补习班时还处于5等级的数学和英语，在6个月后上升到了1等级，这让我备受期待。但是上天并没有轻易地把幸福送给

---

1 韩国古典名著《兴夫传》里的主人公，兴夫曾因饥饿向他的兄弟借米。

我，高考当天，由于过于紧张，在语言领域我有8道题没有答出来，最终结果是4等级。我的精神完全崩溃了，到现在也记不清那天到底是怎么考的。现在回想起来，其实那是我的真正水平。

我的梦想很丰满，想上顶尖大学的社会科学学院，但现实却如此骨感。此时的我已经比朋友晚了3年，同龄的同学们在大一结束了之后，已经在军队服了两年兵役。而那些高中毕业后就直接就业的朋友们，已经进入社会生活的第四年了。但看一下我，23岁的生活真的非常糟糕，金钱、外貌、学习，我无法摧毁其中的任何一堵墙。正值青春的我是个一无所有、只会吃饭的饭桶。复读生活结束后，我回到安山，窝在房间的角落里，假装读哲学书。过去我通过游戏来逃避现实，23岁的我则通过哲学来逃避现实，我创造了自己的虚拟世界来自我保护。

那时我好像得了抑郁症一样，想逃离现实，想去一个没有人认识我的地方。我想过那种在有耕地的地方大学骑着自行车读哲学书的生活，于是又报考了三所地方国立大学的哲学系。我最终选择了全北大学，原因有些不着边——从地理上看，这是"位于韩国正中央的学校"。

23岁的我作为大龄大学生进入全北大学哲学系。因为现实和理想的背离，我有时甚至会很痛苦。但在这种情况下，我也有一个迫切的想法——成功的人都有大量阅读和写作的特点，所以我也下定决心，不管发生什么事，每天都要花2小时读书写字。这也是后来被命名为"22战略"的习惯形成的时期。不管有多忙,不管发生什么事,我都不想落下每天2小时的读书和写作,其余的时间可以随意玩耍或无所事事。之所以这样,是因为我有一种独特的信念,只要坚持读书和写作,以后做什么都能做得比其他人更好,因为无数的成功人士证明了这一点。现在想来,当时完全是单纯的信念。俗话说"无知者无畏",我像迷恋上这件事一样,两年的时间里每天都坚持读2小时的书,而剩下的时间完全集中在玩或者是想做的事情上。

令人惊讶的事情发生了。这种毫无根据的信念开始发挥作用,我读和听的能力都比以前更好了,不管看什么,都能快速找出其本质或核心内容,并且自然而然地开始有了自己的言行标准。因此,我即使不学习,哲学课程内容也能很好地掌握,教授们也很喜欢我,考试时经常拿到奖学金。

阻挡我人生前进的三堵高墙中的"学习墙"第一个开始倒塌。全北大学虽然是地方国立大学,但在安山或全州,只有班里的前3~4名才有可能考进,前面所说的中学时期嘲笑我学习不好的那个朋友也是在复读后才考进了全北大学工学院。我和那个我当初认为一辈子都赢不了的朋友之间的距离正在逐渐缩小。

第二个开始出现裂缝的是"金钱墙"。大学一年级的时候,我在学校的家教公告栏里上传了帖子,结果大获成功。当时全北大学课外辅导市场被医学院、英语系或者数学系的优秀生们垄断。他们只要在家教公告栏里写上自己的专业和"辅导费50万韩元"就行。而包括我就读的哲学系在内的其他系的学生，在课外辅导这个市场上根本连名片都没法递上。

但我是这么想的：

"你们学习了12年才考到这所学校，而我几乎只学习了两年就考到了这里。我只是高考考砸了而已，并不是不如你们。我有信心把那些中下游的学生教好。因为到现在为止我已经读了好几百本书，我相信自己很聪明。"

虽然现在回想起来，我还是会怀疑自己当时是不是疯了，但多亏了那种霸气，才让我有了自信。

所以，我决定发帖找家教工作。我特意标注了"专为中下游学生辅导"的标题，下面写了当时我学习有多差，又是如何提升自己的英语和数学等级的具体细节和方法。然后，出乎意料的是，电话接踵而至。从那时起，我在上大学期间每月能挣150～200万韩元的课外辅导费。这与当时每小时3000韩元的电影院兼职相比，涨了接近6倍。我无法忘记找到第一份家教的那天，骑车回家的夜路上，橘黄色的路灯和月光似乎都在欢迎我，我觉得世界第一次向我伸出了手。

以前在时薪3000韩元的电影院做兼职时，我甚至吃不起5000韩元一份的泡菜汤。因为我要工作2个小时才能买得起泡菜汤，所以经常用三角紫菜包饭来果腹。现在我的时薪达到2万韩元，每天都可以买泡菜汤吃，这就像做梦一样。我只要上几天的家教，2万韩元的摩托车加油费、22万韩元的单间公寓月租费就都解决了。当时的200万韩元对我来说绝对是一笔巨款。因为当时如果每月能拿到50万韩元的零用钱，就会被同龄人称为"土豪"。一边上着学，一边靠自己的能力赚到了200万韩元，这让我信心满满，也让我在生活上找到了平衡。

最后一堵墙——我的"外貌"也发生了巨大变化。当时，我和安山中学的同学智韩住在一起。虽然初中的时候我们不是很熟，但是在我读完很多书后的21岁，我再次遇到了智韩，我觉得他真的很厉害。到目前为止，我也算是接触过几百亿身价的成功人士的人了，但我从来没有见过像智韩这样的天才。21岁再次偶遇的我们成了灵魂挚友，每天都会讨论哲学和艺术。我考入全北大学后，智韩也从首尔的学校休学，和我一起在全州生活。后来，智韩成了我的第一个创业合伙人。与脏兮兮的我不同，他当时非常帅气，学生时期曾担任班长，人气很旺，头脑也很好。他在文学和电影上的造诣也很深，对我来说简直就是老师和偶像般的存在。

有一天，我睡着了，有种被人盯着看的感觉——是智韩。我不寒而栗，对他说："智韩，你怎么了？"智韩说："你先睡吧，待会儿再聊。"接着我就睡了。第二天，我一直在考虑智韩到底会说什么："难道是因为我没有收拾房间，他生气了吗？"但是到了见面的时候，智韩却说出了让人意外的话："我昨晚一直都在想，你有很多优点……但是我想我不得不管管你了。从现在开始，照我说的去做，衣服、发型、眼镜、皮肤、鞋子全部要改变。你做家教攒了多少钱？我们现在就去市里的佐丹奴吧。"我吓了一跳，说道："智韩，你知道吗？佐丹奴的裤子一条5万韩元啊！太贵了。我穿1万韩元一条的裤子就可以了……"智韩非常坚决地说："别胡说八道了，跟我来。"

背水一战 ——"19 000韩元到账"

那天，智韩在去逛街前说出了这样的豪言壮语："当有人问到哲学系长得最好看的男生是谁时，我会让所有的人都说是——明臻，你！"当然，我根本不相信这句话，因为从小到大我都觉得"我是班上最丑的人"。我总是被异性拒绝，20岁的时候被拒绝了两次，到了大学也被拒绝了两次。当时正好处于那个时期，我想："这可能吗？"但智韩很执着，并对我说："从现在开始，为了你的皮肤管理，减少摄入碳水化合物。""千万别穿这双鞋。知道吗？以后只穿我给你挑的款式。""等等，把眼镜摘下来，男人最好不要戴眼镜。""与女生说话的时候千万不能怯场，记住千万不要谈论哲学。"他一边说，一边给我做了具体的指导。

穿的、吃的、说的，智韩几乎全都给我换了。换句话说，之前我做的所有的事都是女生所讨厌的事。按照智韩说的做了以后，我的生活便完全不一样了。每次对着镜子我都会说："这真的是我吗？真是难以置信。"在那之前，我从来不觉得有人喜欢我，但从那时开始，我感受到了周围人对我的喜爱。如果遇到我的理想型，我认为自己也不会再胆怯，我的人气也变高了。智韩的话变成了现实，外貌这堵墙开始倒塌。

就在我变得越来越有人情味的时候，我却突然不得不和智韩分开了。智韩在骑摩托车的时候腿受了重伤，不得不回到自己家里，我突然孤身一人了。不过，我还是听从了智韩的教导。第二年，我开始了我的第一次恋爱，之后还谈了几次。而且我和其他人的青涩青春一样，走了很多弯路，经历了火一样的爱情，也经历了地狱般的痛苦，还曾因为向女友提出分手而长时间地被内疚折磨。我切切实实地经历了世界末日即将到来般的痛苦，也真真切切地体验到了爱情的苦涩。这些感情经历对我日后确定创业项目起到了决定性作用。那时是2010年，我24岁。

当初报哲学系的时候，我期待着哲学会给我带来幸福。但是来到大学看到哲学系的教授们之后，我感到并不幸福。从大学教授们因政治问题产生矛盾或是他们对待外聘讲师的事情上看，其实他们和普通人没有什么两样，专业课上也没有教给我关于幸福之类的东西。我只学到了一些认识论、形而上学、价值论等非常专业的知识。

我对哲学开始感到失望，又重新钻研了几年前一直在努力学习的心理学，还上了心理学专业的课，但总感觉没有什么最新理论，好像都是在沿袭一些旧理论，老师的授课水平也令人失望。渐渐地，我觉得大学里能学到的东西可能不多了，就像4年前的冬天一样，24岁的我又一头扎进图书馆，连续两个月只看书。"遇到好的伴侣是影响一个人幸福的很重要的因素"，这一信念也是在这个时候产生的。

那年冬天，我又见到了伤腿已经康复的智韩，我们聊了很多。分开的这一年里，我们两个人都经历了许多，认识到了我们自身存在的问题。

"虽然我们都以聪明自诩，但其实一切都是浮云，在现实中，赚钱才是硬道理。"

"我摔断腿的时候，根本没有钱。病房里，邻床有个地方上的小混混手指被切掉了，在医院里闹。他也是因为没钱而苦恼，和我一样都没有手术费。当时我就有这种想法：我和这个小混混有什么不一样呢？不都是一样处于身体受伤后却没钱支付手术费的境地吗？"

我们的谈话正朝着一个方向发展，我和智韩想起了电影《社交网络》。在此之前，我认为创业很可怕，至少需要几亿韩元的投资资金或在大办公室里才能开始。但是在看那部电影的时候，我明白了即使没有钱也可以做生意。影片中的脸书创始人在宿舍、仓库等地方，没花一分钱就开始创业了。我想我们也可以。不，除此之外，我也没有别的办法了。就在这时，智韩提出了一个决定性的想法:"明臻,你之前学了很多心理学,我们一起做分手咨询怎么样?不用租办公室,而是在网上做。你学习一下如何做咨询,我学习如何建设网站,咱们一起做吧。"

我豪迈地回答说:"是的,只要有之前学习的知识,就可以解决几乎所有的男女问题。之前那个和恋人分手的人,在接受我的咨询后又和另一半重新和好了。好!我们就做这个吧。每月赚50万韩元就行,我已经厌倦了做家教,每天骑摩托车会冻伤的。假期里我们来试一下每月赚50万韩元的收益项目吧。还有,我不久前在学习博客营销的时候,试着写了一篇名为《无限挑战》的文章,结果点击数超过了3万。那段时间我在Naver[1]上做了很多"知识人[2]"问答,等级也很高,所以可以利用一下,这样就能不花一分钱做广告了。"

我们背水一战,我辞掉了所有的课外辅导工作,开始和智韩一起住。就像前面说的一样,这两年我都没有放弃过每天两个小时读书和写作的习惯,在接受新事物、寻找本质性事物并与之联系方面都处于最佳状态。两个月来,我们各自尽最大的努力为创业做准备,智韩学习网站制作,我主攻市场营销和心理学。因为我对创业和市场营销领域一无所知,所以我准备了30本书继续阅读。虽然现在还没有"逆行者七步法",但我认

---

1 Naver是韩国目前最大的互联网服务公司,主营搜索引擎,类似于中国的百度。
2 像中国的"百度知道"一样,韩国名为"知识人"。

为在进入一个不熟悉的领域时，只要读20本左右的书，就能比别人更快地达到目标，这让我非常有信心。而且，我现在是为两个月以后创业的具体目标而读书，所以我每读一页都有一个想法在脑海中出现。

- 我在分手或者恋爱遇到烦恼的时候是怎么做的？我在网上搜索过"忘记分手女友的方法"，那就用这个搜索词在"Naver知识人"上写博客吧。和我有同样烦恼的人也会用这个关键词搜索的。
- 如果想让通过博客和知识人来找我们的人信任我们，我们就必须有专业性。专栏尤其重要，在专栏中展示完美的专业技能就可以了，我可以发挥我锻炼了两年多的文笔。
- 要有后续。没有后续，连我自己也不会相信。我真应该让那些在大学时向我咨询过恋爱问题的朋友留下真实的后续。
- 我难过的时候做了什么？我去过咨询苦恼的Naver网上论坛[1]。那我们也在那里写专栏，但绝对不能有商业味道，要给读者提供真正有用的信息，只有这样才能积累信任。

经过两个月的努力和准备，2011年1月，我们推出了网站服务，咨询费为每次5万韩元。我们以为生意会非常红火，但

---

[1] 类似于中国的百度贴吧。

令人震惊的是，没有一个人申请咨询……剩下的资金只有4万韩元。智韩和我决定在一周内只吃面包和牛奶，坚持下去。就这样，只靠面包和牛奶支撑着过了3天，我们感到生存受到了威胁。我真的很想喝一杯我们月租房前面的卡车上卖的2000韩元一杯的美式咖啡。我们修改了网站主页，咨询费也降到了19 000韩元。我只想接到一次咨询申请，这样就可以买面包或饭。我们祈祷着一切顺利，然后睡着了。第二天早上7点，来了一条短信："19 000韩元到账了。"这是我一生中最开心的时刻之一，我还记得当时智韩说的话："明臻，我们去喝美式咖啡吧！"

下个月我们将赚到3000万韩元。

隐藏在幸运背后的事 ——
"还有比这更糟糕的状况吗？"

2011年3月，25岁的我们事业蒸蒸日上。我们住在月租22万韩元的房间里，却能赚到3000万韩元，这简直就是奇迹。我每天都在想："这是梦，还是现实？"我晚上每小时能挣20万韩元，被誉为"天才咨询师"，而白天则作为平凡大学生，过着双重生活。

到了大三，我觉得一切都很无聊，渐渐地，全州的生活变得无聊起来。周围的人知道我赚了大钱，也渐渐地疏远我。这时我意识到，一些人对成功人士首先会产生一种负面情绪。我退学搬到济州岛住了一个月，住在商住两用的别墅里，一边给人们提供咨询服务，一边旅行，过着"数字游民[1]"的生活。从表面上看，我的生活就像电影一样，但实际上我总感觉我的生活十分煎熬。

所有的生意在刚取得成功的时候都是最危险的。我和智韩的生意更接近于无资本创业，因为没有办公室，也没有员工，所以没有什么投入经费。刚开始以为每笔3000万韩元都是我们的钱，但这个世界并不那么友好。除去各种税金，实际到手的只有650万韩元左右。因为3000万韩元的收入而陶醉的我们各自买了一辆好车，但是车的分期付款每月就高达150万韩元。除去月租100万韩元、孝敬父母的100万韩元、健康保险费和国民年金缴纳金等，所剩无几。实际可使用的资金只有100万韩元左右。相比而言，我大学通过课外辅导每月赚200万韩元的时候反而更富裕。

随着生意的扩大，我们分派了各自的角色。资金管理、会计、经营等由智韩负责，我则负责撰写咨询文章、客户咨询和研究工作。也就是说，两人分别是CFO（首席财务官）和CTO（首席技术官）。之后的3年里，我们在家办公，专心做

---

[1] 数字游民（Digital Nomad），网络用语中指无需办公室等固定工作场所，而是利用网络数字手段完成工作的人。

好各自的工作。我成了那个行业领域里的传奇人物，以无数咨询事例为基础建立了理论，形成了"复合心理学"。传闻一出，人气飙升。找我咨询的人甚至要排到一两个月之后。由于咨询量暴增，我经常设置"限制咨询"，只要一解除限制，就会出现数百条咨询信息。3年来，我每天做5～7个咨询，成了专家。

那么关于分手和复合的咨询是如何进行的呢？大家可能想知道我是怎么做的，所以我做了一个简单的总结。

① 有烦恼的来访者写出咨询缘由。

② 我读了缘由之后，对两人的情况进行心理学分析。

③ 了解咨询对象的恋爱心理，并给他（她）提出具体的实施方案。他们的目标是通过发短信来稳住对方，或者使双方有再次见面的可能性。如果感觉再次见面的可能性不足30%，我就会劝他（她）及时放手。

④ 大部分案例都是"发一次短信"的情况。要用一个句子彻底打动对方，你可以让对方伤心，也可以发能够令其震惊到做噩梦的信息。

⑤ 他（她）发送信息后，对方可能会联系他（她），也可能会爱上他（她）。这时该怎么做，我会把具体的操作方案告诉他（她），同时向其解释对方的心理变化。

我听到和经历了无数个案例，无形中成了人类心理分析和心理模拟的专家。我每天要阅读5～6篇长5～10页的咨询缘由，然后花半个小时想出一个有创意的解决方案。因为需要无止境的洞察力去工作，所以我即使躺着睡觉，也在研究独创的解决方法。结果是，我解决问题的能力提高了很多，同时意识到比起无法解决的问题，其实只要冥思苦想就能解决的问题更多。这种领悟道理的能力和积极使用大脑的方式，在我之后的其他创业中再次成了重要资产。

就这样，虽然我们事业上的专业水平不断提高，但事业本身却停滞了3年。我们相互之间的不满也越积越多，智韩觉得我不懂经营上的苦楚，我也有自己的不满："刚开始创业的时候，就是月均收入3000万韩元，怎么3年之间营业额还是老样子呢？而且真正跟客户打交道的只有我一个人，为什么我只收到650万韩元呢？是不是因为业务结构、营销都和最开始的一样，才使得业务无法再做大了呢？这难道就是经营吗？"

虽然表面上看起来关系很好，但我们对彼此越来越不满。我希望把生意做得更具有侵略性，但智韩却希望做得保守一点。而且我在创业初期，没有参与管理，失去了主导权。最重要的是，我到现在为止还没有参过军。不安的我和智韩之间在出现了第三者的介入之后，关系开始破裂。

人的气量 ——
人有多大气量，就能赚多大钱

我们总是抱着眼前的目标生活，以为只要实现了这一目标就能解决一切，但现实并非如此。当我们在祈祷着"如果能争取到一次咨询费用，就能解决吃饭问题了"的时候，反而感觉很幸福。因为一旦一个问题得以解决，更大的问题即将来临，就像游戏中的任务。当时发生过很多跌宕起伏的事情，简单总结如下。

- 智韩和我因为各种误会而分道扬镳，我有了另一个合伙人。
- 重新开通网站后，销售额突破3000万韩元。
- 2015年2月1日，29岁时，我几乎没有打理好生意收入就去当了兵。
- 第一次休假出来一看，公司运转很奇怪。
- 发现合伙人和员工背叛我的情况后，第二次休假回来的时候，我结束了所有的生意。
- 因为压力过大，我得了顽症强直性脊柱炎，在军队医院住院卧床6个月。

就这样，我的创业初期真是噩运连连。因为和世界上独一无二的朋友智韩分道扬镳，我感到很可惜；一想到一起工作的人都想利用我，我也感到难以置信。躺在内务班里，我每天都被逃离兵营去处决叛徒的欲望所笼罩。因为强直性脊柱炎在军队医院住了6个月的时候，我感觉已经到了人生的弥留之际。

痛苦的日子接踵而至，但有一天我突然改变了主意："上帝要把我塑造得多么伟大，才会给我这样的苦难？"我虽然不相信宗教，但我决定赋予这种苦难和痛苦以意义。因为经历过大的痛苦之后才会有大的成长。我想这悲惨的处境也许会成为锻炼我的契机。不，我决定这么想："我这样待在医院里，可以整天看书，这是上帝赐予的机会。我真幸运！""我不是每当有苦难的时候就一边读书一边成长吗？躺在医院的这段时间将是我人生的黄金时期。"

我在住院的6个月里，经常拄着拐杖或坐着轮椅到医院的操场，不停地看书。之前我读的是心理学和哲学相关的书，这次我想我应该读更多不同领域的书。反正进入社会后肯定会再次读与工作相关的书，所以我想借此机会接触一下其他领域。因此，我通过阅读世界史、科学、文学等相关的书籍，努力学习不同的知识。而且，我正式开始学习经营学。

当时读到的一本书是被称为日本最有名的富人入门书（有钱人必读书）《从负数开始出发》[1]。读完这本书，我一下子就明

---

1 韩文版书名为부 자의 그릇，直译为《富人之气量》。

白了发生在我身上的一切。这本书把有钱人在成功之前经历的弯路故事化了。我发现这些经历不仅是我，大多数人可能都经历过。

有段时间我不停地生气，是因为我误以为自己是个了不起的人。和智韩一起工作时虽然获得了3000万韩元的纯收入，但我只拿到了650万韩元；和其他合伙人一起工作却失去了所有财产，企业被夺走。这些都不是因为运气不好，也不是他们的问题，只是因为我的气量太小了，倒入水就会溢出来。想想看，我唯一擅长的就是咨询，而经营、会计、税务、总务等什么都不会。我只是赚了自己气量大小的钱而已，以为自己一个人能赚几千万。那是一个错觉。现在我都快30岁了，一分钱也没有，所有的生意都没有了，这不是谁的错，而是我的实力就是如此。彻底承认了这一点之后，我也就不再怨天尤人了。而从现在开始，我也真正明白了我该从什么开始做起。

"没有什么事情一下子就能赚大钱。人的气量有多大，就能赚多大钱。与其责怪别人，不如集中精力解决自身的问题。"我试着把思维引向正确的方向，训练自己的思考方式，并试图打下基础。以前我总觉得有些小事不值一提，觉得"那不是我这样的天才咨询师该做的"。但在触底反弹之后，我觉得每件事都很重要且珍贵，只有在小事上变得娴熟，我才会提升真正的实力。在巨大的痛苦中，我又找到了新的成长的阶梯。

当时我有强直性脊柱炎，但医生认为还没有到需要退伍的程度。在医院躺了6个月，我感觉这种状态对军队和我都没有好处，于是下定决心要尽快退伍。我发挥了我的写作特长，写了10多页的报告书，交给了领导。领导们知道了我不是装病而是真的病得严重后，在几位领导的帮助下，我得以退伍。2016年1月，我30岁。

回到社会，我首先要调养我的身体。我在医院的时候就已经对自己的病做了充分的研究。因为我的脊柱炎处于早期状态，以后只要护理得当，恢复正常还是有希望的。但由于走路很困难，跑步根本就是无法想象的事情，所以连普通的康复治疗都很难。我必须制订尽可能均衡的解决方案。如果关节疼痛，首先要多增加一些肌肉。在不影响关节的情况下增加肌肉的方法只有游泳。我认为，如果边游泳边服风湿病治疗剂和消炎药，就有可能痊愈。我再次拼命地努力了6个月之后，虽然强度较高的运动做起来还是有点困难，但日常生活没什么问题了，手腕的疼痛感也渐渐消失了，我可以慢慢地敲击键盘了。我一边治疗一边学习，同时也在寻找现实困难的答案。在医院每天坚持的读书和写作不仅对退伍有所帮助，对我康复也起到了很大的帮助。我越来越被知识和思考的力量所吸引。

追溯过去 ——
在金钱、时间、精神上获得真正的自由

如果有人持续关注我的人生直至今天，会怎么评价呢？一个出生在贫苦人家、不聪明、长相又丑的男孩的悲剧生活吗？也可以这么说。但是我在这样一个起点上一点一点地前进，越过了一个个屏障，获得了新的技能。即使在出现巨大痛苦的时候，我也没有自暴自弃，而是想方设法地把这种情况当作下一次成长的资本。因为一无所有，所以我只能读书和写作。我所接触到的人的故事和英雄事迹给了我很大的勇气和智慧，这就是为什么我一直在讲我的故事。

30岁时，我带病退伍，身无分文，是个无业游民。但是我已经拥有了经过多次战斗获得的经验值和技能。现在，无论遇到什么问题，我都有信心找出最佳攻略。我不会在给我考验的上帝面前打退堂鼓，而是踩着它往上爬，成为逆行者。再大的考验，只要反复琢磨，总会有攻略。经历痛苦之后，我的格局越来越大。退伍6个月后，在身体快要好转的时候，我已经做好了做"自青[1]"的准备。

后来怎么样了？从这里开始，很多人都知道了。31岁，我创建了什么都不做，每月也能赚5000万韩元的企业。身体也完

---

[1] 자청（自青）是取自韩国四字成语"자수성가"（"自手成家"）的"自"，"青年"的"青"，意为自手起家，也就是白手起家的青年。

全恢复，我开始享受体育运动。32岁，我创建了一家名为"奇异的营销"的公司。33岁，我月净收入开始突破8000万韩元，并以"自青"的昵称开始经营YouTube账号，在6个月内就拥有16万订阅者并急流勇退。我大部分时间都在海外，做一些之前只在梦里出现的运动，并积攒奖杯。

34岁的时候，我的收益开始以此前难以想象的规模出现协同效应。随着业务的扩大，我开始大规模的招聘员工。35岁，我与包括正式员工和兼职人员在内的130多名成员一起工作。包括"奇异的营销""Atrasan""Pudufu"等主要公司在内，共有6个公司和4个股权投资公司产生被动收入。由此，持有的数十亿韩元资产获得了20%以上的投资收益。此后，我又创办了"欲望书吧咖啡厅""威士忌酒吧英菲尼"等，实现了财富自由，我开始集中于自我实现。

现在我不受任何限制。一直困扰着我的学习、金钱、外貌——"三堵高墙"算不了什么。经常有人问我快乐吗？我每次都会这样回答："像我这种情况，如果我说不幸福，那不是反而很奇怪吗？我真的很幸福。我想永远活着。"

我获得财富自由之前的故事就到这里。为什么我用我的旧故事开始这本书？说白了就是想打破你的偏见，动摇你的潜意识。前面提到，我在小时候曾有一个强烈的信念："我认为我这辈子都不可能每月赚到200万韩元以上。我的梦想就是在半月工业园区的一家工厂工作，每月赚150万韩元，租一个单间，在里面玩游戏。"但是我在成年后开始读我这辈子从没读过的书,小时候的信念也开始逐渐破灭。极其投入地读着那些白手起家之人的奋斗故事,我会常常把他们和我看成是一类人,还会产生这样的想法:"我是不是也可以这样?像我这样的情况也能成功吧?他们不是有办法吗?"

在那之前,我的潜意识告诉我:"你是一个低人一等的人,外貌、学习和金钱都不能达到平均水平。"但是,我因为一些故事开始改变,这时潜意识开始动摇。如果没有公开我过去的故事,你可能会像过去的我一样,把这当作"另一个世界的故事"或"反正是金汤匙[1]或天才的故事",并迅速地合上书。我的故事可能无法改变你的一切,但我希望你能成功地动摇你的潜意识。另外,即使没有看完这本书,也一定要记住潜意识并非坚不可摧。

好了,从现在开始,让我们正式跟随逆行者七步法,是时候去获得自由了。

---

[1] 在韩国,近几年刮起了"2030(20~39岁人群)汤匙阶级论",直接把韩国阶层细致地划分成了金汤匙、银汤匙、铜汤匙、塑料汤匙和泥汤匙。家里用得起哪种材质的汤匙,对应了孩子出生时的阶层。这里的金汤匙相当于我们所说的"富二代"。

第二章

逆行者第一步——摆脱自我意识

上帝想要毁掉谁，必会先将他吹捧成一个成功的人。

——西里尔·康诺利，《可能性的敌人》

为什么大多数人不能在生活中获得真正的自由呢？我认为最根本的原因是存在过度的自我意识。无论有多么成功的人在身边，无论有多么好的书在眼前，无论别人给你分享多好的方法，都无济于事。因为大多数人为了保护自我，一辈子都在用各种防御机制抵制陌生的信息。我想赶快进入正题，告诉你这些道理："钱是这样赚来的！""跟着我学这个吧！"但是你本身的防御机制会击退所有我想要传达的信息。如果不摆脱你的自我意识，你就不可能有任何进步。这也是大多数聪明的人从一定的年龄开始就只会"责怪别人"，永远也不会进步的原因。

就算是你已经获得成功的朋友给了你信息，你也会想"不要在我跟前装得很有能耐"，于是一只耳朵进一只耳朵出。其实，你只需要花10分钟听这些信息就可以了，但是内在的自我意识会比本人更快地对优秀的人产生排斥感，并排斥他们提供的信息。

即使我劝你读一些关于实现财富自由的书，你也会以"无论读多少书，不行的人总归不行"为借口而推掉。自我意识展开防御模式，拒绝承认自己没有阅读能力。其实读书最多只需要投入两三个小时，而且也许读一本书就能彻底改变你的人生。而你却担心自己受到哪怕一丁点的损失，所以百般狡辩。

即使在你眼前教给你赚钱的实际方法，你也会说："我觉得价值比钱更重要，所以您不必告诉我这些。"即使你内心比任何人都希望得到钱，因为金钱而被剥夺人生自由，有时甚至在金钱面前做出可耻的举动，但在潜意识中还是不愿意接受本人的这种矛盾的思考方式。

大多数人都被自我意识的绳索所束缚，只有剪断这根绳索，才能自由前进。自我意识是人类必不可少的心理机制，但它几乎困扰着所有想走向自由之路的人。在本章中，我们将了解逆行者七步法中的第一步——摆脱自我意识。

让我们一起来思考以下这种情况："智秀"是天才科学家创造出来的人形机器人，外表和真正的人类几乎一样，有思考能力，也会反思自我。当遇到苦难和逆境时，它就会发挥自身的智慧去解决问题，并能感受到成就感和幸福感。智秀当然认为自己是一个特别的存在,相信自己是人。但有一天,它目睹了令人震惊的场面,看到了许多和自己长得一模一样的机器人及机器人研发人员的电脑,而且电脑里还写着这些机器人的设计方案。

1. 所有的机器人都被设计有智能功能。
2. 所有的机器人都要被设计成遇到问题时会感到痛苦,解决了问题会感到快乐。
3. 将这些记忆累积起来,就会把它们设计得逐渐拥有自我。

智秀看到设计方案后,感到很震撼,但随着时间的流逝,它的心情逐渐开始平静下来:"是的,我不像其他机器人,我很清楚创造者的意图。我拥有以经验为基础不断进化的健全人格。"

但是其实还有很多智秀没有看到的其他设计方案。

4. 如果机器人知道了自己的身份,就要让它觉得"我更特别",不要让它自我崩溃。

人类其实和智秀并无差别。人类受基因和环境的影响,同时拥有自我意识,不断的保护自己免受伤害。因此在这些初始条件下，没有人是自由的。上帝给了人们无数"一辈子的机会"，但是在自我意识的干扰下，所有的机会都化为乌有。虽然他们总是以"我没有钱也很幸福"来自我安慰，但总是在担心自己如何赚钱，咒骂雇用自己的上级不给予自己与能力相匹配的工资，每次吃饭的时候都会看着菜单的价目表发愁。承认现实吧！只有这样，今后才会有发展。

让我告诉你一个自我意识的真实例子。我做的主要业务包括心理咨询、电子书出版和市场营销。"复合咨询"这个项目首次成立，便在该领域连续10年位居全国第一。因为顾客以女性为主，所以主要从女性的角度上考虑问题。实际上，提起与恋爱相关的咨询时，有一部分人是最让人惋惜的，就是那些自我意识很强的人。她们太爱自己了，不想受到任何伤害，既想被异性爱，又害怕受到伤害，所以就回避交往。虽然想要被爱的心也是因为自我意识而产生的，但是过度的自我意识会使她们浪费了爱的机会。

具有讽刺意味的是，这类人通常遇到的男人比她们想要交往的男人要丑得多。为什么会这样？因为她们是"铜墙铁壁"啊！既希望自己被爱，又怕遇不到对的人，所以总是排斥对方。就这样，好男人会渐渐地远离自己。到最后，有违常理还在追求自己的人，只剩下那些性格暴躁者，或者是毫无魅力的男人，或者是暗藏心机的花花公子。于是这类女性开始说服自己和这些男人谈恋爱，但是由于自我意识过于强烈，就连这段恋爱也不可能顺利。而低水平的男人在满足了自己的欲望之后，最终会提出分手。就这样，一个恶性循环就形成了。这类女性会总结说，"男人果然没有一个好东西"，以后更难对其他人敞开心扉。换位思考的话，男人也是一样的。

她们为什么恋爱失败？原因很简单，因为没有谈过很多恋爱，没有多少经验，心里却充满了幻想和自己的原则。恋爱是一件承认并认可对方的本质，相互交换兴趣和资源的事情，而把"我"这个存在看得太珍贵的她们，在理解对方的心意或接受对方的心意上却往往显得很笨拙。就像你不能在不弄湿衣服的情况下戏水一样，你也不能在不给自我带来丝毫伤害的情况下谈恋爱。但是她们却认为自己不受伤害才是世界上最重要的事情。她们没有准确看人的眼光，更不懂男人的心理，因此总是容易被坏男人缠住；不知道自己每次恋爱不成功的原因而感到坐立不安，然后会选择申请"复合咨询"。

她们在咨询的时候也会有相似的表现，一个个都喜欢装酷，装作对对方毫不留恋。她们想要和提出分手的对象复合，甚至还要接受复合咨询，这件事情其实已经伤害了她们的自我意识。因此，她们咨询的内容也大同小异。她们认为自己完全没有错，都是因为那家伙是个坏蛋。当然现实中也会有这样的恋爱，但恋爱中的大部分时候是双方都有错。她们这种过度的自我意识在接受咨询的理由中达到顶峰："我来这里不是为了和那个人复合，而是为了报复他，他真的很垃圾。"其实她比任何人都更想和对方复合，但如果承认这一点，自我意识就会受到伤害，所以才会说出"我想报复"这样的话。那么这时我就会这样回答："你是说，你只想报复，即使不跟他复合也没关系，对吧？"她就会惊慌失措地胡言乱语，然后又说："真分手的话有点……如果对方继续追我的话，我也可以重新考虑。"

以下是向我咨询的真实案例之一。有一位女士因为自我意识，错过了所有的恋爱机会，现在已经30岁了。她就算和把一切都献给自己的男人谈恋爱，也会因为自己不知如何处理而把关系搞砸。每当看到"如何谈好恋爱"这类文章时，她就会觉得"这种东西只有那些可怜的女人才会看"，以此来回避这些恋爱知识。明明是自己搞砸了关系却不承认，总是"怪别人"，而且会坚持说自己对男人有心理阴影，不想和任何男人见面。虽然潜意识里比谁都希望遇到一个好的男人，但她总是在逃避。

大多数人对待"钱"的态度也是如此。虽然很想要，但总是说"钱不一定是最重要的"。看着自己微薄的薪水，总是指责别人，说"社会有问题"。即使赚钱的知识就放在他们眼前，也会以"这些东西只有那些肤浅的人才会看"为由回避。过度的自我意识使他们错失了一切机会，而他们只知道重复地回避。

自我意识是毁灭人的原因

人为什么会有自我意识呢？自我意识是进化的产物，人类有了"自我意识"，才能对外界的刺激做出反应，继而得以生存。简单的生物没有自我意识，它们就像空调或电视中的芯片一样，只能重复简单的动作。但我们使用的笔记本电脑或比这更复杂的超级计算机等，则需要复杂得多的操作系统才能运转，这是因为它们需要将资源分配到各处，保证整个程序的正常运行。自我意识就是一种非常复杂的操作系统，然而，当这种为适应外部环境和采取行动而建立的自我意识变得过于强大时，即当这种操作系统疯狂运行时，就会出现系统难以按原有功能运转的情况。它们会不断歪曲外部接收到的信息，导致产生错误的判断和想法。

我们为什么如此难以接受真相？无数的研究给出了无数的答案。方向基本差不多。因为我们的大脑和我们的身体一样，都想尽量保持稳定的状态。对于紧急出现的问题，不会去思考太久，就直接做出反应（原始时代，容不得人类在猛兽扑过来时深思熟虑，那种基因可能已经消失了）；对于不太重要的问题，就大致处理一下，大脑用尽可能少的能量去处理更多的事情（即便如此，它还是用了身体总能量的20%）。大脑不会太较真，只是大致保证没有问题，适可而止地欺骗自己和他人："今天大致处理成这样就行了。"得益于这种高性价比的操作方式，人类才能生存下来。在这个过程中，系统里就留下了功能异常强大的"自我意识"。

假设我刚才犯了一个很大的错误。例如，我无意中抛售了持有了一年的股票，但就在这时股价突然飙升。此时，大脑就用各种理由使其合理化，使我不会因为这个没有答案的问题而寻短见："没关系，熊市就要来了。让我们用剩下的现金去寻找更多能够暴涨的股票吧。"但是从成交价呈上涨趋势的红色曲线图来看，这种程度的自我合理化并不能解决自己认知不足的问题，这时大脑就会找替罪羊："都是因为刚才在群里讨论时那个造谣的家伙！要不要截图并向金融监督院举报他发布捏造事实的帖子呢？"靠这种愚蠢的想法，胃的疼痛感会得到一定程度的缓解，荷尔蒙指数和血压也会逐渐恢复正常。

即使像暗恋的女人被朋友抢走了，把所有的财产都投资在了比特币上，这样绝望的事情发生了，你还能心安理得地吃饭并细心地照顾自己，这就是自我意识的价值。它能治愈伤痛，安慰自己，让自己拥有信心。在原始时代，它可能是一个重要的功能，因为它创造了"我"的个性，让自我在别人看来很有吸引力，让自我能够处理好无数的人际关系。

问题是，过度的自我意识在当今社会会产生许多副作用。就像前面的股票案例一样，当你犯了这样荒谬的错误时，最合理的行为是什么呢？是的，就是重温错误的交易，学习相关的知识，避免以后再犯类似的错误。但我们的实际行动又是怎样的呢？我们只会找替罪羊来泄愤，然后就不了了之了，这样我们不会有任何成长的可能。自我意识有时可以毫无疑问地治愈心灵的创伤，让你的内心感受舒服些。但更多时候，自我意识只能让你陷入贫穷，阻止你客观地看待自己。前来复合咨询的那位女士也是同样的情况，其实她只要坦白承认就行了：因为自己没有太多的恋爱经验而被低质量的男人牵着鼻子走。比如以下这些说法。

- 我没谈好恋爱，不是因为对方有问题。首先，假设我自己有问题。外表？那我就找一下有魅力的女人的共同点，然后来模仿她们吧。找一个"就喜欢我这样的人"的想法，可能只是为了让自己的内心舒服而已。
- 之前遇到的男人都很奇怪的原因是什么呢？不就是"物以类聚，人以群分"嘛。也许我自己本身很奇怪。我认为恋爱知识大都是很幼稚的，这本身可能就是一种傲慢的错觉。我们首先要通过文字来学习恋爱知识，这总比什么都不做强吧？如果你觉得这样子很丢人的话，那反而有问题。
- 还有，遇到的男人有外遇？很多男人都有外遇，但肯定也有忠心耿耿的好男人。如果这个人有外遇，有可能是我的问题。让我们一起来考虑一下。如果是他的问题，我们一起想想如何避免这种情况发生。让我们承认自己的不足吧！改正不就行了吗？

读完以上部分的人，多半会认为"这是天经地义的事"。但实际上，能够这样承认并非易事，我可以肯定："真正"这样想的人可能只有1%。这是因为我们的头脑被设计为对任何损害我们"自我"的东西都极为敏感。

实际上，复合咨询是在过度的自我意识下，让人们看到自己真实的欲望的一个过程。仅仅是帮助他们自我客观化，就能理清很多复杂的情绪。总而言之，扔掉自我意识，带来的结果就是"自由"。

案例1

智英是一名20多岁的设计专业毕业的女性，对设计很有自信，在众多的设计创业大赛中获过奖。但她的事业并非一帆风顺，她陷入一种奇怪的自我意识中，多年来从未获得过收益，一直在原地踏步。有一天我见到她，嘱咐她要"摆脱自我意识"。

"赚了钱再搞艺术也不迟，现在你想做的是生意，不是艺术。放弃你对设计的自尊心吧。你首先要知道你想做的是什么，先做些对自己有帮助的事吧。你不要老想着做一些比较酷的事情，那不过是自我安慰而已。你要战胜你认为在同学们面前会感到丢脸的这种情绪，先在经济上获得自由吧！获得财富自由后再搞艺术也不迟。可能搞设计的都有一种奇怪的我执[1]，

---

[1] 我执，佛教用语，指在外在事物上所建立的虚假的自我感。

他们倾向于认为'LOGO是……'。因此这是个机会,你试试做LOGO的生意,先摆脱你那些没有用的自我意识。"

她一开始感觉打击太大,不愿意承认,但最终成功地扔掉了自我意识,然后很快就打造了月均净收入3000万韩元以上的企业。目前,她拥有15名以上的员工,正走向成功之路。

案例2

姣媛是一名33岁的女性,智慧是一位26岁的女性,姣媛在一次女企业家聚会上遇到了智慧。聚会上大多数人的年纪都比较大,她们比较年轻,所以就很容易地熟络起来。随着彼此变得亲近,她们也都知道了对方在做什么企业。虽然智慧年纪轻轻,但她参加了这个聚会就迅速成长,每月能挣3000万韩元。虽然姣媛也是月收入1500万韩元的了不起的人物,但看到比自己更年轻的智慧走红的样子,她就开始生气。姣媛刚开始感觉智慧的性格和蔼可亲,但现在越来越觉得智慧是带着某种目的在接近自己,她甚至怀疑智慧是不是在做不道德的事情,是不是夸大了自己的收入。

后来聚会自然而然地消失了。一年的时间过去了,姣媛依然无法停止对智慧的嫉妒和怀疑,她感到非常迷惑,并把问题告诉了我,而我则跟她说让她摆脱自我意识。姣媛是个聪明人,之后她想了很多,最后承认是自己过于愚蠢。姣媛发了很长的短信向年轻的智慧表达了歉意,她说:"那段时间里我好像非常嫉妒你，但是我知道你的种种表现真的值得我学习，我好想要再见你一次。"

她们后来怎么样了呢？原本就很亲近的两人现在成了真正的"至亲"，姣媛也学到了智慧的优点。她摆脱了自我意识后，开始清晰地看待自己面临的所有问题，一个一个地去解决，现在成了每月能挣6000万韩元的企业家。这里非常重要的一点不是"赚了多少钱"，而是只有摆脱了自我意识，才能在心理上稳定下来，才能把重复的失败转化为成功。让我们承认自己的愚蠢，承认自己的不足吧。与其嫉妒对方，不如承认自己不如对方，那样之后我们再发展自身。用自我意识来躲避伤害，是绝对无法继续前进的。

我十分珍惜的那些人

让我们读读下面的句子。

"比尔·盖茨？他只是运气好，做了个系统，就成了亿万富翁。"

"其实，史蒂夫·乔布斯不是iPhone的创造者，乔布斯只是个给天才沃兹尼亚克插吸管的人。"

"我不明白为什么大家都把沃伦·巴菲特吹捧为

圣人，其实他不就是靠炒股赚钱的人吗？只是一个吸食蚂蚁血[1]的投机者而已。"

这是谁写的呢？这些都是Naver新闻报道上的回帖，虽然键盘侠们对这些人进行攻击是很常见的事情，但令人惊讶的是这些回帖竟然被推为最佳评论。

自我意识功能强大到令人害怕，它至少陪伴了人类几十万年。我们的基因以及与生俱来的本能培养了我们的自我意识。此外，现代社会让自我意识更加膨胀。疼爱自己孩子的父母们，为了得到别人的关注而发的各种SNS[2]给本来就庞大的自我带来了更多压力。

当然，如果你满足了自我意识，你会立刻感到快乐。但就像不学习的炒股人一样，总有一天会跌倒。也许你现在心里舒服了，但事情总是不顺，周围的人也会离你而去。如果不能客观地看待自己，该做的事情不及时地做，人生就会四处碰壁，贫穷也就会降临。就像曾经住在安山的我一样，就像嫉妒智慧的姣媛一样，就像在Naver的报道上留言的那些人一样，错过了幸运，招来了不幸。这是"小确幸"的生活，也是顺理者的人生。

一般来说，很多的不幸和贫穷都源自"太爱自我"。自

---

1 蚂蚁，在韩国是对股票散户投资者的一种称呼。
2 SNS，Social Network Services，社交网络服务，泛指各类社交软件和社交网站。

我意识有时是成长的动力，有时却会让人陷入贫困和不幸。我们看一下周围，有些人小时候很聪明，但后来即使上了好大学，即使读了几百本书，也非常奇怪地一事无成。如果近距离地观察这些人，就会发现他们中的大部分人都被自我意识所束缚，固执到令人郁闷的程度。他们往往不能培养自己的天赋，每当周围的人说什么的时候，他们总会准备一些借口来搪塞，父母的原因、时代的原因，以及性格不合适、兴趣不对口、健康不匹配等。大家都知道的真正原因，他们本人偏偏会视而不见。

彻底领悟到自我意识的问题点的人，其人生的方向就会发生大的改变。因为他不会按照本能的要求去生活，而是理性地选择如何生活。反之，如果不能摆脱自我意识，就无法掌握接下来要说的"逆行者七步法"。另外，由于大脑不能进行多样化的开发，无法快速掌握知识，不能自我客观化，所以每次都很容易做出一些莫名其妙的决定。如果自我意识固化，就会形成一种防御网，无法接受新的思想、人和机会等。

我把这些自我意识已经固化的人称为"自我意识僵尸"。他们用自我意识武装自己，使自己变成老顽固，用自我安慰的方式对所有的信息进行抵制。最终，他们能做的只有"怪别人""怪社会""贬低那些了不起的人"。

摆脱自我意识的三个步骤

如果你知道了摆脱自我意识的重要性,那么现在轮到你自己解决了。假如你遇到一个人,平白无故地感到不舒服,这时候你首先会机械地想起"摆脱自我意识"这个词,然后再思考一下这种不舒服的情绪是从哪里来的,是不是被自己的自卑感激发出来的。这种"探索"是摆脱自我意识的第一个步骤。

第一步是"探索"。其实没什么大不了的。如果你经常对某人的言论或存在感到不快,你需要了解一下是不是自己的"自我意识"造成的。这一探索结果会令你诧异,会让你与庞大的自我产生一定的距离。你可以静静地观察自己嫉妒、生气、怀疑的幼稚模样,这样你就能看到自己真正的痛处,你才能接受新事物。

第二步是"认可"。"为什么看到那个人心情不好?也许是因为我嫉妒他。嫉妒往往会妨碍我的学习,所以我承认这是一种嫉妒。因此,我首先要分析对方在哪些方面比较受欢迎。""我为什么不受欢迎呢?应该是我的魅力不够吧。魅力不够就提高呗。""为什么每次听到有人谈论钱的时候,我就会不高兴或者对对方产生敌意呢?事实上,钱是人们生活的必要条件之一。可能是因为我到现在为止在钱这方面没有自信,所以才回避吧?那从现在开始我应该怎么做呢?"

一开始你可能感觉有点幼稚,会让人反感,但试几次就很有趣了。第一次见到某人时无缘无故地冷嘲热讽，可能是你的无意识支配下的反应（例如，遇到平时想拥有却放弃的东西、在异性魅力上比我优秀的人、我一直在努力否定的东西）。然后我的内心就准备展开这样或那样的反应来保护自我（是战斗还是逃跑，并且开始兴奋）。摆脱自我意识是为了避免浪费进入这个阶段而做出的努力，让自己从膨胀的自我意识中脱离出来，可以确保自己站在客观的立场。

最后，第三步就是"转型"。现在你已经摆脱了过度的本能，是时候把方向转向对自己有利的一面了。摆脱自我意识，不仅仅是一种消解兴奋的方法，更是一种可以巧妙地反向利用的技能。比如说犯了点小错误被妈妈骂的时候，有没有许下过平时也想许的诺言？比如每天写日记，8点前完成作业等。下面让我们举几个例子。

案例1

自我意识过度

我是一个普通的上班族，在一家小企业上班。但不知怎么的，托朋友的福，我和一位明星玩在了一起。而且，这位明星还带了其他明星与我一起玩，于是不知不觉间周围的人就把我当成了"和明星一起玩的人"。我有点得意，也越来越享受这个过程。事实上，我的收入有时难以负担我现在的玩法，但一起玩的人不一样，我也感觉这是没办法的事情。虽然大部分工资都花在了娱乐上，但面对人们羡慕的目光，我也很难放弃那种高高在上的感觉。和这些明星一起玩了之后，虽然有时也意识到儿时的伙伴们和我的关系渐远，但我感觉那也是没办法的事情。

摆脱自我意识

嗯……我想我只是活在自我安慰中。我必须承认，我一直过得不好。因为我在平凡的岗位上工作，所以对人情世故没有一个清醒的认识，但是现在清醒过来也不迟。想想，和明星们在一起相处的时候是不错，但是他们不可能为我着想。这导致我对周围的人不感兴趣了，而周围的人也觉得我得了"明星病"。所以我要重新交往那些说我变化大的朋友，那段时间我曾经想过要去上补习班，现在也报名了。

案例2

自我意识过度

我毕业于首尔大学经营系。年轻时满怀信心地开始创业，最终没能成功，我认为在学校学的东西没有用。从那之后，我一直在构思新的项目。最近到处都能看到"高中毕业生神话，卖菜小贩投资一栋楼"[1]之类的创业成功案例。说实话，在我看来，那根本不是做生意。我认为只有以程序为基础的创业公司

---

[1] 意为没有文化却在生意场上取得成功的人。

才是真正的事业。虽然现在人们都对事业有成的人大加赞赏，但我认为他们多半是靠"运气"。一万个人做生意，最终只有一个成功的人，你要我如何相信并学习他们？

摆脱自我意识

现在想来能够创造"高中毕业生神话"确实了不起，不就是典型的矮子跨栏成功的那一类吗？虽然刚开始是靠"运气"，但这样的生意能持续经营十几年，说明他的生意手段还是不错的。他跟着卖鱿鱼的人跑了一年，找遍全国各地的高手。这一点真的值得我学习，我上次创业的时候只是用自己的脑子想。最重要的是，他的创业哲学确实令人钦佩。而我当时只想赚钱，其实我一开始也不是这样的……我是在什么时候失去了初心呢？从底层做起的成功人士的共同点是什么，让我们好好地梳理一下吧。

案例3

自我意识过度

我一看到这本书的序言就不是很高兴。作者自信地说读了这本书就能发财，年纪轻轻就能被动收入几亿韩元，我不相信。他经营的生意也很奇怪，什么复合咨询？什么Pudufu？是不是急于想让人感觉自己是个奇特的人？YouTube不也是玩玩就不做了吗？另外，反正要读创业方面的书，读一本关于比尔·盖茨、巴菲特、谷歌创始人的书就行了，一个仅仅赚了几十亿韩元的人的书有必要读吗？这个人怎么看都像是个骗子（我希望如此），我要仔细搜索一下，找找证据。

摆脱自我意识

三人行，必有我师焉。他既然能在YouTube上吸引那么多人的关注，应该有什么特别之处吧？别的我不知道，拉仇恨真的很棒。上次他介绍的那些书不是再版了就是卖了一大笔钱。但是为什么他总是用书作素材来拉仇恨呢？好像听说他人生逆风翻盘了，是真的吗？他读了什么书？怎么读的？可是我也读了好多书，为什么都没啥变化？虽然不知道他到底是骗子还是什么，但至少到现在生意好像做得还不错，几个业务好像也都搞得不错，那就学习一下他的秘诀吧。反正读一本书也只要两三天，这点投资算不了什么。如果你坐过这样的人生过山车，你也一定会有所感悟，有所收获。

现在，将以上案例介绍的摆脱自我意识三步整理如下。

- 探索：注意观察自己的情绪变化等，确定这些情绪从何而来。
- 认可：客观地审视心情变化的原因，并和自己现在的处境进行比较，该认可的就乖乖认可。

○ 转换：通过认可来消除自卑感，以此作为改变的契机，制订行动计划。

摆脱自我意识不仅可以带来情绪健康，而且还能大大地提高学习能力和决策力。首先谈摆脱自我意识的原因其实很简单，因为如果连这个都不行，我下面要说的所有办法都不行。因为你的内心已经有了防御网，不可能听进去我的话。对一个双手交叉准备嘲笑别人的人来说，他能听进去什么话呢？为了接受新事物，你需要把你的棱角磨平。在自我意识增强的状态下更是如此。

浪费人生的特殊方法

既然我们谈到了自我意识的弊端，下面我就来说说另一件重要的蠢事，那就是"自我意识模仿"。通常，大多数人在生活中都会多次以他人为榜样，小时候想模仿妈妈或爸爸，学生时代想模仿全校第一名或运动好的朋友。但是随着成长，我们也会自然而然地想克服这种模仿别人的心理。随着自我的建立和个性的延伸，我们将别人和自己同等看待的幼稚欲望必然会逐渐减弱。

但是很多人成年后仍然无法摆脱这个问题，我把这类人称为"自我意识模仿"者。与前述自我意识过度一样，这些都是由"自我意识过度和缺乏自尊心"造成的。当一个人想变得帅气，而现实却并非如此时，强行填补这个鸿沟的过程中就会发生这样的事情。比如：

- 现实中已经沉迷于游戏，并且通宵玩游戏的人，为了从派对成员那里听到一句"大哥，真羡慕你（游戏级别）满级"，花费几百万韩元去买游戏道具，可谓浪费人生。
- 每天在社交软件上传甜点照片的大学生，为了看到别人——"姐姐，这是哪里？你每天都这样吃，为什么还那么苗条！"的留言，而花费大量的金钱和时间去寻找新品美食店。
- 每周末都要去爬山或者骑自行车，却从不和家人待在一起的大叔，为了在爱好者协会上被称为"会长"而大手大脚地花钱。但对妻子和孩子来说，他是世界上最令人厌恶的父亲。
- 游走在各大网站新闻栏和公告栏上，对各种事情装作无所不知的"键盘侠"们，为了博取大家的点赞，滥发各种过分的文字，并且熬夜和同类网友通过键盘来进行对决。

此外，这样的案例还有很多。把为棒球队加油几乎当成职业的上班族；每天在网上因为别人用词不当而争吵不休的大学生；为了买苹果公司新产品而在卖场前搭帐篷排队的无业游民；为了省钱买进口车而让自己住在考试院的初出茅庐的年轻人;身穿名牌大学的校服却对专业一窍不通的"学历奴隶"……这些人都把自己等视于他们心中追求的特定对象。电子游戏中的满级,当地体育团队的会长,网络上打扮得体的自己,登山协会会长,偶像粉丝俱乐部的领头人,进口车车主,名牌大学文凭……问题是,他们幻想得到的东西本身就无异于假象。

那些东西过一段时间就会消失。虽然目前嘴上还在叫着姐姐、哥哥,感觉像是亲人,其实他们只是被同一个主题吸引,并不是什么真正的朋友。有多少人还和5年前因为共同爱好而结识的人联系?其实,参与其中的每个人都很清楚这一点。每次去参加登山协会请大家吃午饭的时候,他们都会说:"会长,太棒了。谢谢您!"但当你向他们寻求就算是一点点金钱上的帮助时,他们的表情会立马改变。什么事情都有一个限度,只有你自己陷入角色扮演中无法自拔。

当然,适度的沉迷会给生活带来活力。富二代为了购买游戏道具花费300万韩元,谁也不会说什么。如果是和自己生活有关的事情,我们往往认为是值得投入的。但如果不仅仅是为了成为小区里一个游戏满级的大哥,还为了成为真正的职业游戏玩家而进行系统训练的话,情况就不同了。也有不少人是从爱好开始,后来成为该领域的大师并获得成功。我所批判的不是这种情况,而是那些牺牲自己的现实,通过角色扮演去逃避现实的人。

这种对徒劳无用的东西如此上瘾和沉迷的现象太常见了,

种类也多种多样，稍有不慎，就容易深陷其中，不能自拔（自己认为不是什么大事）。但我们要记住，这些行为会浪费比金钱更重要的、世界上最宝贵的时间。看似小有所成，但实际上这是一种不断压垮脑中补偿回路的行为，是将自己变成巴甫洛夫之狗[1]的可悲行为。这不是拥有意志，与命运抗争之人的人生，而是像忠于动物本能的顺理者的人生。快点从中摆脱出来吧。冷静地想一想自己为什么会沉迷于这些东西。坦诚地承认花费大量的时间做这样的事情没有意义，就算现在认识到也要心存感激。打破自我意识走出来，才是走向逆行者的第一步。

如果不能摆脱自我意识，就会变成小时候自己厌恶的"老好人""无足轻重的人"。在你翻到下一章之前，你为什么不把书合上，然后出去散步10分钟呢？前提是必须放下手机。"我会对什么样的言论反应过激而心情不好呢？""这种行为是不是出自过度的自我意识呢？""这是不是自我意识为了防止我受到伤害而采取的行动呢？"让我们边走边思考这些问题，因为走路是产生好主意的最好方法之一。

---

[1] 用来形容一个人的反应不经大脑思考，如意识形态的先入为主，对逻辑思辨的抗拒。著名的心理学家巴甫洛夫用狗做了这样一个实验：每次给狗送食物以前打开红灯，响起铃声。这样经过一段时间以后，铃声一响或红灯一亮，狗就开始分泌唾液。

第三章

逆行者第二步——塑造身份认同

如果你想拥有一种品质，那就表现得好像你已经拥有了它一样。

——威廉·詹姆斯

如果你经常听那些白手起家的人的故事，你的人生就会发生改变，甚至连你的身份也会完全发生改变。

"我母亲去世的时候留下遗言说'你啊！我真希望你能成为一个有钱人'，那一刻我突然顿悟了。"

"我生了两个孩子，但是没有奶粉钱，在公司里吃了那么多苦，好不容易一个月才拿到那200万韩元的工资。我想自己快活不下去了，后来我真的去了汉江，在那里我下定决心要把自己变得和现在完全不一样。"

"我女朋友的朋友和她妈妈都很讨厌我，更让我气愤的是他们都把我当成高中毕业的小混混，并且一再阻止我们结婚。我当时就下定决心，一定要成为一个非常成功的人。"

但是我们能够遇到这种大变化契机的概率太低了，另外，还有许多人即使"有幸"遇到这样的契机，也意识不到这是一次机会，甚至他们恰好还可以用这件事来嘲笑自己是不幸的人。然而，正如许多大获成功的人所说的那样，这些决定性的事件往往会成为改变人生的契机。把极为不幸的事情逆转成契机的逆行者们，他们身上经常发生戏剧性的故事。那么，如果能够把那些白手起家的人所经历的巨大事件，或者说改变其人生的大事件，人为地组织编写出来，会怎样呢？如果能将他们经历的0.1%的大事件编写出来，会不会也将戏剧性地改变我自己的身份认同？我认为这是可能的，我称之为"塑造身份认同"。这个身份理论是成为逆行者的一种非常重要的技能。

如果我能把我的脑袋格式化的话

读到这里的你现在有什么想法？

"读一本书就能获得财富自由,这可能吗?虽然自青说他以前也很自卑,但他肯定有什么特别之处,而我没有。"

"不,自青他只是中了彩票而已,纯粹是运气,你跟着他做能行吗?"

"别做梦了,别说月入1000万韩元了,就算月入500万韩元我也就知足了。"

我十分理解你的心情,因为在我读书之前,我的生活就是这样的。不,我都不相信自己能过上平凡的生活。前面也说过,当时我最羡慕的就是我那当老师的表姐,每当听到她们家过节就聚在一起吃牛肉时,我满脑子都在这么想:"有钱人都是另一个世界的人,不信的话你看看我们家现在是啥样就知道了。""能考上在首尔的大学的孩子们都是天之骄子。""我月收入过300万韩元的日子应该永远不会到来吧。""最近我们班的同学都很流行考驾照啊,这其实和我无关,我这辈子还能买得起车吗?"

那时,我真是这么认为。我想,像以前的我一样在人生低谷中艰难挣扎的朋友都会有类似的心情。但现在我的身份已经完全不同了,因为我的一生都在人为地改变自己的身份。20多岁读书是我的开始。如果你先改变自己的身份,变化就会很容易随之而来。相反,如果你错过了改变自己身份的机会,你就会继续过着顺理者的生活。我紧紧地抓住以书的形式到来的幸运不放。这些书指引着我，给我那被失败主义所充斥的头脑安装了新的"软件"，让我终于看到了铺在自己脚下的铁轨，使自己从绝望的列车中走出来；然后装上了属于自己的导航系统，开始寻找人生的捷径。这所有的一切都得益于我拥有了新的思考方式。

既然已经实现了摆脱自我意识，现在就要建立新的自我意识了。身份认同是人生的发动机，就像汽车想要前进，必须有燃料一样，人也需要身份认同这种燃料。当你可以自由地使用它时，真的会出现很多令人惊异的事情。我最近新制定了一个目标，那就是"我要成为畅销书作家""我要写一本韩国最伟大、最值得人们看的书"。

2018年之前，我的身份认同是个商人；2019年，我的身份认同是个YouTuber；2020年以后，我的身份认同则是一名作家，而且是畅销书作家。任何一个正常人在听到这样的目标时，都会嗤之以鼻。事实上，当我对周围的人说"我要写韩国最伟大的自我启发书"的时候，他们也都嘲笑我。如果那些我熟悉的人对我这么说的话，我应该也会这么想吧："世界上有多少聪明人……就算他自己是一个白手起家的人，但他之前连一本书都没写过，怎么可能就突然写出一本如此了不起的书呢？但是他本人好像认真考虑过，所以不管怎样，还是先附和他一下吧。"

当然，我自己也知道，那不一定会成功，但是既然别人都这么想，如果连我都限定自己"绝对写不出畅销书"，别说畅销书了，就算是普通的书，出版的可能性也是零。所以我故意夸大自己的目标，并四处宣扬这些话。我并不是像自我启发书中经常提到的那样，"只要相信，全宇宙都会帮助你"或者"只有以首尔大学为目标，才有可能考上延世大学、高丽大学"。那样的话你就算听得再多，也不会真的改变你。

每个人下定决心去赚钱的时间点各不相同。虽然也有一些人天生就喜欢赚钱，而且做得很好，但大部分人对赚钱这件事没有什么兴趣。或许那只是个意外？不，不是那样的。虽然大家都在说钱，钱，钱，好像对钱都很感兴趣（或者即使感兴趣也总是装作不感兴趣），但实际上我们并不想"真的"赚钱，因为我们不想做与赚钱有关的"行为"，更像是只想着赚大钱的梦想家。但偶尔也会有一些人，因为某种契机，真的会下定决心赚钱。

月入1.8亿韩元，在经济YouTuber中最有名的申师任堂如是说道："因为当时的我实在太穷了，我感觉'如果这样继续下去，我们一家撑不下去了'，于是我真正清醒过来的时刻到了。"《百万富翁快车道》的作者MJ·德马科有一天遇到了一位开着兰博基尼的年轻发明家。原本以为只有歌手或体育明星之类特别的人才能赚到那么多钱，但后来他发现其实普通人也可以通过创意赚很多钱。他顿悟了，于是决定改变自己的身份,去赚钱。有一位年轻人,他是我的粉丝,只有28岁,但是年纯收入超过30亿韩元。据说这位朋友小时候穷得要命,经常被人看不起,特别是他的女朋友的朋友们总是对他女朋友说"不要再和这个年轻的无业游民交往了",总是在破坏他们的恋情。愤怒的他决定赚大钱来报复他们,于是他的身份也真的发生了改变。

就像前面所说的一样,对我来说,偶然读到的那些自我启发书是我的契机。在此之前,我认定自己是一个连变得平凡都不太可能的低等存在(固定思维模式),但是在读完这些书之后,我就开始暗示自己"我是一个特别的人"。读了数百本比较好的自我启发书之后,我感觉我也能成为真正伟大的人的信念越来越强烈,负面想法也渐渐消失(成长思维模式)。因为书中有很多人的故事是从比我还差的处境中开始的。现在想来,阅读几百本书的方法有点愚笨,却也是对于我这样的御宅族的性格来说是最恰当的方法。总之,以此为契机,我开始了有生以来的第一次改变。

身份认同变化的契机有挫折、自卑感、生存危机、刺激、书籍等。也许现在正在读这本书的你也产生了"我该如何改变自己的身份认同?"这样的苦恼。但是真的没必要苦恼,单纯从你现在读这本书来看,你的身份认同已经发生改变了。如果到现在你还没有合上这本书,还在认真地读着我的故事;如果你在前面读我的过去的时候,有过"这样的人,读了书之后都能发生变化，我是不是也能做到？"这样的念头，那么你内心就已经发生了改变。

在读《百万富翁快车道》这本书之前，我根本没有"不工作也会有被动收入"这个概念。我一直认为：钱只在努力工作的时候才会产生。因此，我认为每小时赚到最高价就是一切，就像医生和律师一样，即使是短时间的劳动也能赚很多钱。所以，我为当时通过复合咨询每小时能赚到22万韩元而窃喜，就是被每小时的收益所吸引。在读了《百万富翁快车道》《每周工作4小时》《富爸爸，穷爸爸》之类的书以后，我了解了被动收入，大开眼界。然后，我就开始打理自己今后的生意，力求做到没有我也能正常运转。最终，现在即使我不在公司坚守岗位，也能实现每月挣几亿韩元的财富自由。

那么，改变身份认同到底是什么意思呢？我们的大脑是一个追求性价比的器官，它不能做到对一切面面俱到。所以我们需要根据一定的身份认同，改变输入和输出的模式。近年来，我逐渐为自己塑造了作家和业余运动员的身份认同。在此之前，当我拥有企业家的身份认同时，世界上的一切在我眼里都只是商业。即使到了餐厅，我也不会轻松地吃饭，而是忙着计算菜单、桌子数、员工数、顾客的翻桌率等。去了咖啡厅，我会分析那里的业务结构和净收入。但是最近，在我把自己改变成作家的身份认同以后，如果有人提起商业，我就会变得心不在焉（也可能是挣了点钱的缘故）。

相反，我会每天醉心于看与体育相关的视频、打高尔夫球、打网球和写文章。前年的我和现在的我相比，几乎是变了一个人。身份认同是如此重要，以至于它彻底改变了人类的生活。

打破固定思维

我和在我的一家子公司里担任代表理事的允珠去土耳其旅行了半个月，在整个旅途中，只要有空，允珠就会看电子书。候机时、上菜前、打车时等，她只要有空就会读书。但不能因为这样就说这位朋友是学者或模范生，她只是一个比谁都喜欢玩的享乐主义者。虽然玩的时候很投入，但她一有时间就会看书，并向我提出关于生意的一些想法。在土耳其，允珠一天看完两本书。看到她这样子，我决定改变一些大脑中关于阅读的思考方式。我原来的想法是这样的：

- 因为经常听人说"看电子书的感觉不如纸质书好"，所以我也受到了一些影响，坚持只看纸质书。
- 只有在一个可以完全集中注意力的环境，读书才有意义。
- 用手机看电子书不会有什么帮助。
- 一有空就看电子书反而会妨碍我集中注意力（因为会一边看

书,一边翻看抖音和Instagram[1])。

我这是在约束自己的思想。其实用手机读电子书,还是我4年前劝允珠读书的一种方法。但我总以"书应该在完美的环境下阅读"的借口来限制自己。我看着允珠,下定决心"我要用读电子书这种方式来改变我的思考方式和身份认同"。此后,我在旅途中每天用手机看一本电子书。如果是在过去,我会说"那不是我的风格""我做不到",但是因为我现在知道身份认同理论,所以我按照"我是一个有空就看电子书的人"的方式思考。

很多时候,人们会说"我MBTI[2]是I型,所以比较内向""我天生比较敏感""我对球类运动不感冒""我是A型血,所以比较胆小"等,把自己限定在一个框里。你要通过改变自己的身份认同,去打破自己独有的框架。身份认同是给自己设定界限的顺理者们的特征。

现在,改变身份认同的重要性已经讲得够多了。但正如前面所说,如果没有人生跌入深渊的体验,就很难改变认同感。即使你在读这本书的时候突然下定决心,"我从明天开始要过

---

[1] Instagram是Meta公司的一款免费提供在线图片及视频分享的社交应用软件,于2010年10月发布。
[2] 迈尔斯-布里格斯类型指标(Myers-Briggs Type Indicator,MBTI)是由美国作家伊莎贝尔·布里格斯·迈尔斯和她的母亲凯瑟琳·库克·布里格斯共同制定的一种人格类型理论模型。

上有钱人的生活",也不会真正有什么事发生。因此,创造改变身份认同的"环境"非常重要。

大概是在2019年4月的时候,我觉得人生特别无聊,当时从事的事业没有竞争对手,自己也没有把它变得更好的想法。我的"奇异的营销"公司里的律师营销大获成功,赚了一大笔钱,复合咨询的所有项目也都稳定且顺利地运转。但我觉得如果我安于现状,我就会再次成为一个普通的人,我必须找到某个不同的身份。

任何一个相信人类自由意志或努力的人都会下定决心:"从现在起,我将成为一个更大的企业家!"但事实上,我并没有什么改变。可能是因为制订了每日计划却一成不变,也有可能是因为践行了不合适的奇迹早晨,总之整个人会经常感到疲惫不堪,而且还总是归结于自己没能好好实践。但是我在这里应用了身份认同理论,我决定建立一个环境,不再相信自己的自由意志或所谓的"努力"之类的东西,而是强迫自己认同自己是"一个伟大的商人"的身份,这时候YouTube出现了。

这是一种背水一战。如果你在YouTube上说自己是"给人类带来希望的创业者""年薪10亿的企业家""白手起家的青年",一边拉着仇恨,一边去谈论如何获得成功的话,会怎么样呢?那么我的身份认同就会变成事业有成的网红,人们会把我当作一个成功的商人,到处都在谈论我。我也将学习和整理方法论,告诉人们应该如何获得财富自由(就是这本书)。

如果我铺垫了这么多，自己却游手好闲或者是不能让读者满意怎么办？那时我必将会成为一个骗子，一个丢人现眼的骗子。我即使死也不想这样丢人，所以我作为一个企业家只能努力去生活。当然，在这个过程中，我也会很努力地去总结成功经验，会真的去告诉人们应该怎么做。当你真正想学某种东西的时候，那么想办法教会别人就是你学习最快的方法。我认为你在构思这种良性循环的过程中，就可以发现更好的攻略，并找到捷径。所以，我决定拥有视频博主这个身份认同，与其说是为了提升人气，不如说是为了自身成长的一种自我强制。

这就是改变身份认同的核心秘诀，也就是说，如果想做得更好，就不能仅仅是下决心，而是要首先创造环境。设置一个不得不去做的环境，那么自然而然地就会去努力生活了。与其相信自由意志、努力、真诚等好听且虚妄的话，不如建好训练自己的"运动场"，把自己推进去，这才是核心。

因此，创造改变身份认同的环境非常重要。例如，拥有数千亿韩元资产的金胜浩会长经常强调一种方法，就是把"我要成为××"的决心在纸上写100遍，或者把这个决心写下来贴在每一面墙上。直到前年，我还在怀疑"这算什么东西"，但现在回过头来看，这也是一种非常容易改变自己身份认同的策略之一。100次用真心写下决心的行为，在无形之中会深深地印在潜意识里。如果不改变自己的潜意识，任何想做的事情可能都无法实现。

那么,为改变自己的身份认同而创造环境的具体方法有哪些呢?让我们总结一下。

1. 通过书本间接催眠

改变身份认同最简单的方法是阅读相关书籍。如果你下定决心要成为一个"健康高手",你只需阅读10多本简单的与健康相关的医学书籍就行。你的大脑一定会在一周内专注于"健康"一词,上厕所的时候或者是发呆的时候都会反复思考"变得健康的方法"。这样一来,你每次看到朋友的饮食习惯的时候,都会从书中相关知识的角度去解读这个世界。如果你决心成为一名"作家",那么就浏览一下多年来出版的关于如何成为作家的书籍吧。书中讲述了作者们走过的弯路,会让人觉得"我也可以"。阅读书籍是改变身份认同的一种非常简单的方法。

同样,如果你想白手起家或者是获得财富自由,那么你在一周之内读几本书就可以了。如果你反复看到那些从低谷中爬起,并获得财富自由的人的相关故事,你就会产生"我是不是也能做呢?"的心态。我也是21岁的时候,在我人生最糟糕的情况下,通过阅读200本自我启发书改变了自己。拥有"我是不是也……?"的心态,身份认同也随之发生了变化。

当我们说阅读能改变人生时,人们通常会问的第一个问题就是:"我应该读什么书?"我认为只要是大多数人都认可的书就可以。只不过,我会推荐刚开始的时候阅读那些与人物故事相关的书。把20个白手起家的泥汤匙[1]人的书集中起来看一下吧。去图书馆或书店随便抽出30本书来大致浏览一下,你就会发现有3~4本是你想读的,这样就可以开始了。大脑不能很好地区分现实或想象,因此,仅仅是阅读那些白手起家的人的故事,就会让人产生一种"我也可以"的感觉。就算不能,至少可以"洗"掉你的负面情绪。

就像前面提到的那样,人类的大脑中有镜像神经元,只要看到他人的行为,就会在大脑中模拟,本人做出相同的动作。你只要利用好这一点,就是在阅读有用的自我启发书。不要对书的内容进行过于挑剔的批判,以一种"能学到其中一招就可以"的心态去敞开心扉地看就好了。我们现在读这些书不是为了崇拜那个作者,而是让自己的心和生活能够与那个人的成功故事同步,仅此而已。

2. 环境设计

环境设计方面,前面提到的开设YouTube账号就是一个典型事例。这是一种把自己逼到绝境的方法。我主要使用的方法是"发表宣言",即告诉周边的人:"我要成为……!"我认为

---

1 这里的泥汤匙,是指没有高身价,没有稳定收入,孩子的温饱都是问题,未来更是一连串问号的家庭。

人是一种对名声比对什么都敏感的社会动物。让我们想象一下这种情况。当你在国外的时候,你是否可以在不认识的人面前脱下衣服走上10分钟?永远不会。假设有人给你100万韩元?还是不会。就算你以后在国外,再也不会遇到他们,也不会有任何的瓜葛,即使法律处罚你的可能性为零,你也不会。因为人类基因中有一个非常强烈的命令:你必须保持良好的声誉。小时候被孤立的人之所以会出现严重的心理问题,甚至会经常想走极端,正是这种"维持声誉的本能"所导致。但是如果我们能逆向利用这种本能,是不是反而可以完成一些困难的事情呢?

例如,我经常做的一件事是向人们宣布我的目标,如果我不能实现这些目标,就要交罚款。实际上,现在写这本书也是因为我在度假地的时候就向编辑承诺2周内完成,如果完不成,我就给他1000万韩元。我承认自己非常懒惰,是一个无法实现目标的低人一等的人。到目前为止,这本书已经有11次结稿失败了,本来定在前年完成,却一推再推,结果超过约定时间很久也没完成。于是我和编辑约定:"如果这次书还完不成,我就给你1000万韩元。"因为我自己知道,如果不这样做,我就会因为太懒惰而永远也完不成稿子。

在第一次创业做"奇异的营销"时,我也不相信自己。因为我很清楚,我是个懒人,是个善于自我合理化的人。于是我故意租了一辆昂贵的车,硬着头皮搬了家,将办公室也搬到了一处每月要交1000万韩元，加起来总共要2000万韩元月租的地方。我知道，只有以这种方式创造一个对自己的生存构成威胁的环境，我才会拼命工作。这就是为什么需要环境设计。我不相信自己，不相信自由意志。我认为人类只是基因和环境的组合产物。与生俱来的基因已经无可奈何，所以只能通过改变环境来实现我想要达到的目标。环境设计所带来的行为和判断差异会影响我日复一日的决策，最终形成了多年以后无法逾越的巨大差异。

3. 群体潜意识

两年半以前，我退出了YouTube。当时有个红极一时的YouTuber聚会，在那里，谁的"点击率""订阅数"多，谁就拥有更多权力。YouTuber都完全被这种观点影响了，所有的注意力都被吸引到如何拥有大量的粉丝上。如果受到其他YouTuber的攻击，他们的"世界观"就会崩溃。我也是这样，感觉好像世界上每个人都在看YouTube，一旦受到攻击，就会陷入"全民都讨厌那个YouTube博主"的妄想之中。实际上，那些被攻击的YouTuber有的被忧郁症所折磨，有的干脆不敢出门。

但当我和其他世界的人，也就是那些不看YouTube的人见面对话的时候，我非常受打击："为什么他们不知道那个YouTuber争议有多火？""为什么他们听说100万粉丝的时候一点都不惊讶？""为什么他们认为拥有100万粉丝的YouTuber从事的是一个肤浅的职业啊？"我知道自己已经陷入YouTuber的世界观中了。

就这样，人一旦进入某个群体，就会误以为这个群体所追捧的东西是最有价值的。假如你去补习班复读，你就会觉得高考考得好就是最高的价值，所以所有的大脑活动都集中在高考上。有一个著名的心理实验——社会心理学家阿施的从众实验。让5个人坐在接受测试的人面前，让他们故意做出一些错误的回答。明明是短棍子，却让他们说是长棍子，之后轮到这个接受测试的人，他也会把短棍子说成是长的。这个心理学实验告诉我们人类是社会性动物。

我已经说过我最近想成为一名业余运动员，所以我加入了网球协会。进入那个环境以后，我就会自然而然地思考"怎样才能把网球打得更好"，然后我开始看YouTube上的视频学习。为什么会这样？因为在网球协会里，谁网球打得好，谁就是王者。所有人都在谈论网球，有过职业球员经历的人几乎被奉为神一样的存在。在那个世界里，不管你的账户里有多少钱，只要你打不好网球，你就会被当作失败者。虽然不能以牺牲本职工作的方式沉迷于兴趣活动，但如果学习网球对于你的幸福而言真的很重要的话，那么网球协会就是能够在短时间内提高水平的最佳环境。上班族的丈夫每当谈到孩子的教育或房地产时，就会被妻子斥责说"啥也不懂"，其中的原因是一样的。

因为妻子作为全职家庭主妇，时常会和房产中介聊天，也从不缺席家长会，所以在掌握了最前沿信息的妻子面前，丈夫的经济常识和教育知识只能被视为无用之物。

那么如果你想获得财富自由呢？对了，你只要进入那些希望获得财富自由的人聚集的群就可以了。如果你想赚钱，你必须进入那些对钱感兴趣的人群，聊天群也好，小聚会也罢。第一次去的时候，也许你会诧异："怎么他们这么执着于赚钱呢？"但只要坚持下去，你自然就会被感染，并逐渐产生了想被那里的人认可的想法，你就会去读书，去承担集体工作，分析走势图，关注发展趋势等。当然，在考虑和陌生人见面这一情况的时候，你也许会问："如果遇到奇怪的人怎么办？"完全有可能，但这也只是一种本能的恐惧。我们需要逆本能，没有必要对接触新人赋予过多的意义。你会发现自己在写了删、删了写的每日计划里发生了很大的变化。你会慢慢看到一个不一样的你。

再次强调一下，我不认为赚钱本身是一件有意义的事情，我只是认为只有获得财富自由才能节省宝贵的时间，拥有精神自由的概率也会增大。我从小就想学习哲学，想创造属于我自己的思想。为此，我认为首先要有钱，只有这样才能从解决温饱的事情中解脱出来，集中精力去做自己想做的事情。这个想法没有错。在实现了财富自由的今天，我才可以这样专注于写作而不再迷恋金钱。"我想写一本100年以后还能读的书"，我开始挑战这个长久以来的梦想。我会慢慢地出版一本接近梦想的书。

如果你想在所有方面都获得自由，首先要获得的就是经济上的自由。为此，你必须摆脱自我意识，重新塑造身份认同。另外还有一点，就是你需要彻底抛弃对自己的幻想。接下来我们讲一下关于幻想的故事。

人们总是喜欢舔舐自己心灵的伤口

我不是一个伟大的商人，也不是一个学者，但在"从底层白手起家"的领域，我自信自己做到了名列前茅。我一直在思考我能幸运地获得财富自由的原因。在其中，"对自由意志的不信任"十分重要。逆行者的主要理念是"只有摆脱潜意识和本能的支配，才能获得自由"，这个理念始于"人类没有自由意志"的信念。

从顺理者和逆行者的概念中也可以看出，我认为人的命运在某种程度上是先天注定的。我所说的命运并不是指某个人会丝毫不差地按照预定的命运生活，然后在86岁时死去。我指的是，出生在家庭环境排名前50%的家庭中，没有过多地脱离这个范畴，过着与之相匹配的生活，即最终老死的"听天由命的顺理者的生活"。

"我们可能没有自由意志"，这种想法使我变得谦虚。这让我想到，包括我在内的所有人都不是什么特别的存在，也许和其他动物没什么两样。当你决定做某件事时，有没有这样一个"能够完全自主做判断的自我"呢？把这种与生俱来的基因程序放在特定环境中的时候，那种自然反应会不会就是我所相信的自己做出的决定呢？

我的收入已经进入同年龄段的前0.01%。现在我还是100多名员工的领导，每个月仅办公室租赁费就超过3000万韩元，我作为一个自我开发的YouTuber也很有名。所以，人们认为我的工作会很完美，但实际上我是一个非常不成熟的人。和我比较亲近的员工都很清楚，我经常在做一些事情时呆头呆脑的，经常会将东西落下或者丢失平板电脑，总是不能如期完成工作，在约会时迟到。我承认我是一个糊涂的普通人。正因如此，我才会去寻找如何才能把车开好的方法。

自我意识强的人就不一样了，他们总觉得"我很特别""到现在为止取得这么好的成绩，全得益于我的意志和选择"。而他们大多数都只相信自己的头脑，因此等到做第二、第三笔生意时就完蛋了。因为他们太过于相信自己的想法，认为是真的很特别，所以误以为只要做生意就一定会成功。结果呢？只剩下一身债。这都是本能和基因作祟所导致的结果。你必须承认自己只是个生物机器，即使偶尔遇到一些好的事情，或许也只是因为运气好而已。只有当你承认自己有很多缺点的时候，你才有可能成为一个卓越的人。

"只是我现在还没下定决心而已,只要我下定决心,什么都可以做到!"是这样吗?肯定不是的。这是包括以前的我在内的大多数人的一种错觉。正如我所说的一样,真正下狠心的决定是置之死地而后生。但是,这种自以为只要下定决心就什么都能做到的人,总是在制定宏伟的目标后失败,一生都在重复着为保护自我意识而制定防御机制。我学心理学得出一个结论,那就是:人不是一种制定了目标就能实现的聪明生物。除了那些极少数真正特别的人以外,我们的大脑不可能准确地抓住目标这个抽象的概念。因为人类的大脑已经进化到专注于现在,而不是专注于抽象的未来的程度。是的,我们的大脑最初是用来完成行走、奔跑、捕食和求偶繁殖工作的器官,而不是在现代社会中为未来做好计划、投资、努力而开设的器官。这就是我们每次减肥失败的原因,也是我们新年计划失败的原因。这就是战胜本能如此困难的原因。

每当出现想要做的事情的时候,人们就会制定一个虚幻的目标,但往往以失败告终。而失败后为了保护自我意识,就会忙着辩解、怪别人、怪环境,来进行自我自慰,而且会终身如此。人们不会反思自己到底是一种什么样的存在,经历了什么样的过程才会导致现在的结果,只是一门心思地舔舐内心的伤口。

我在当初是没有什么可失去的,主要是因为我本身就活在底层,没有太多的自我意识,所以比较轻松地承认了真实的自己。"我只是一个懒惰的动物",因此当我确定目标的时候,我不会相信自己,而是会创造一个必须实现目标的环境。"我会在两个星期内结稿,如果不能,我会真的给你1000万韩元。"这就是背水一战。得益于此,我顺利完稿(当然是在看了YouTube和网络漫画,在Instagram上传了视频,确认了回帖,在对自己感到绝望之后才开始写的)。

总而言之,我并不完全相信决定论。我不是说完全没有自由意志,只是说这些想法对获得财富自由很有帮助。另外还有一点,就是接受了决定论的世界观,你的内心就会平静下来。经常有员工对我说:"自青,我从来没见过你生气。"而实际上,即使有人被嫉妒蒙蔽了双眼,对我造成了伤害,我也可以相对地心平气和,必要时会采取法律手段。不过,这不代表我的心灵不会受伤。我会想:"是因为智商低、自卑感强、环境恶劣、攻击性强等因素综合在一起,他才做出那样的行动吧?他可能是在没有自由意志的情况下,因为不好的基因而做出了错误决策吧?真的好可惜。他也终究会像命中注定一样,以顺理者的姿态活完一辈子。"

正因如此,我才会将自我意识作为逆行者的重要关键词。因为我彻底明白了无论是我还是对方,都不是什么了不起的存在,而是有着诸多缺点的普通人。我认为重要的是明白人的真实本性以及做事方法,而不是那些似是而非的美言。所以当我想做某件事的时候,我更重视创造环境而不是相信自己。我的主要精力用于了解人类的心理和本能，而不是相信我的头脑。如果你真正了解了人类是靠什么原理来活动的，你就能理解我，也能理解对手。如果你明白了这两件事，就不可能在生活中失败。

第四章

逆行者第三步——
警惕基因误指挥

> 无知比有知识更容易引发自信。
> ——查尔斯·达尔文,《人类的由来》

夏日的深夜,我走在胡同里,看到高高的橘黄色路灯,周围聚集着许多飞蛾,仔细往里一看,玻璃灯里面躺着一大堆已经死去的飞蛾。我小时候总是很好奇,飞蛾为什么偏要钻进那盏玻璃路灯里去送死呢?有个词叫飞蛾扑火,喜欢光照的飞蛾会朝光照出来的地方飞去,但不是真的为了被烧死而向火扑去。它们以一定的角度,沿着螺旋路线向光飞去。在几万年前的草原上,这种本能曾有助于飞蛾的生存,但如今这种本能却让飞蛾的生存变得困难。这种情况也会发生在人类身上,我称之为"Kluge病毒"感染。

生活中,你会看到很多像这些飞蛾一样的人,有时候你会想:"他怎么能做出如此愚蠢的判断呢?"其实都是因为基因的误指挥。我举一个例子,毕业于首尔大学的A在学生时代拥有许多人都无法超越的学习能力,因为就读于地方高中,所以他在全校一直以压倒性的优势保持第一名,后来顺利地考入了首尔大学。但问题是,他进入大学以后,成绩一直徘徊在中下游。于是,很难接受这种现实的A得出了这样的结论:我们系的同学家境都很好,但我家条件比较困难,我得做家教或者去打工,出身的差异都在成绩上体现出来了,这个世界太不公平了。

A在大学毕业后进入国有企业工作,却看到初中、高中时期不如自己的同学大都取得了成功:"他们上学的时候学业都不太好,做生意倒好像都挺顺利的。如果他们都能做的话,我去做肯定也没有什么问题。"于是他满怀期待地辞掉了自己稳定的工作,信心满满地开始创业。当然他这种人不会一帆风顺的。他偶尔制作的在线创业课程会让人眼前一亮,结果却总是不尽如人意。虽然A身边也有一些创业成功的朋友,但因为在学生时期,他总是感觉那些人很可笑,所以也不愿意去主动联系,并且还会用"他们做的是生意,而我做的是事业"这样的借口来说服自己。

就这样,A在得不到新信息的情况下,继续进行着鲁莽的挑战,失败越积越多,借口也越来越多:"这次运气真不好。""要是有更多的资金该多好!""这肯定是被金科长骗了!"……后来A也不愿意参加聚会了,这让他本来就很窄的人脉圈子现在变得更窄了。即使周围的人想帮他,给他提供新的信息或介绍朋友，他也会如神经质般地拒绝。他现在既没有开启新生意的钱，也没有人脉。而且他一无所知，他只知道重复地说着自己是首尔大学出身的这一事实。

也许你会说："真有这样的人吗？"我见过太多了，甚至还见到过销售额达100亿韩元的企业家因为这个问题而无法继续成长的情况。他们是因为感染了无数的Kluge病毒，才会对竞争对手进行过度攻击，对自身地位和声誉过分重视，大脑中对理想与悲惨现实之间的认知失调，与生俱来的良好智力也因为感染了Kluge病毒而无法继续发挥。

我读了《怪诞脑科学》这本书后，每次做决策时都会想："这会不会是一个心理错误？"当我看到别人的失误，就会想到"那是Kluge病毒感染所致"，并以此为警示来不断提高自己的判断力。也许正因如此，从那以后，我在重要的决定上犯错的情况就越来越少了，事业开始上升，人际关系也开始变得更加融洽起来。即使在高能量食物面前流口水，我也会忍住，认为"这是我古老基因的恶作剧"。即使生意上出现了竞争对手，我也不会过度兴奋，不想失误。最重要的是，我能够很好地容忍别人的各种错误和失礼，不管谁对我表现出动物般的本能，我都会想："那个人的Kluge病毒感染得有点厉害，他可能这辈子也就这样活着了，我又能怎么办呢？"即使遇到年轻帅气的男性，我也不会因为那种毫无意义的竞争心理而去嫉妒，反而会试着观察他的优点并从中学习。生意上遇到的小的损失，我也可以毫不犹豫地及时止损。当然，这种事并不总是自然发生。我们只有在脑海中经常出现"Kluge"一词，并保持客观地看待自己和他人的习惯，才能得以实现。

大脑是如何进化的

大脑是一块重约1.4千克的灰质块，也是现代科学至今仍未解决的谜团。最初，大脑似乎是为了控制身体的运动而创造出来的。海鞘在幼虫的时候有大脑，可以四处移动；当它们在一个地方开始长期生活的时候，它们就会吃掉自己的大脑，因为它们现在不用动了，就不需要大脑了。就这样，大脑本来是用来控制运动的神经束，在人类的身上，它变成了一个通用程序，拥有超乎想象的能力。大脑这个消耗身体20%能量的超级计算机使人类成为地球的主宰者。我们到现在为止所说的也都是围绕着大脑发生的事情。

就像智人经历了从鱼类、两栖动物、爬行动物、哺乳动物进化到灵长类动物一样，人类的大脑也经历了多个阶段的进化。20世纪70年代，一位名为保罗·麦克莱恩（Paul D. MacLean）的神经科学家将人脑的进化划分为三个阶段，并称之为"脑的三位一体理论"（三重脑理论）。也就是说，我们的大脑里面有哺乳动物的大脑、爬行动物的大脑和人类的大脑，这些大脑有各自的功能。这种三重脑理论因卡尔·萨根（Carl Sagan）在《伊甸园之龙》中的提及而被大众所了解。

在最里层的是爬行动物脑，它负责基本的呼吸、循环和运动。由于它承担着基本的生命活动，所以会在没有理性干预的情况下立即做出反应。当有一个长长的、蠕动的东西从眼前经过时，大吃一惊的爬行动物大脑会下达"是蛇，快躲开"的命令。

中间的一层是哺乳动物脑。它负责基本的情感和母爱等本能，也负责一段时间的学习和记忆。你在学校或工作单位被孤立时，甚至会选择寻短见，就是因为这一部分的警告灯开启了。它是帮助人们群居，进行社会生活的大脑。

最外面一层也是形成最晚的大脑，就是人类脑。它可以进行抽象复杂的思考，也可以进行"我是谁"等高层次的思考。但与最里层的大脑相比，它的反应较慢，需要集中注意力才能正常工作。

人类通过这三层大脑，能够很好地应对各种情况，并战胜无数动植物的挑战——从躲避危险的蛇，到群居战胜危机，再到使用语言建立文明。那为什么我说这个大脑里有"病毒"呢？

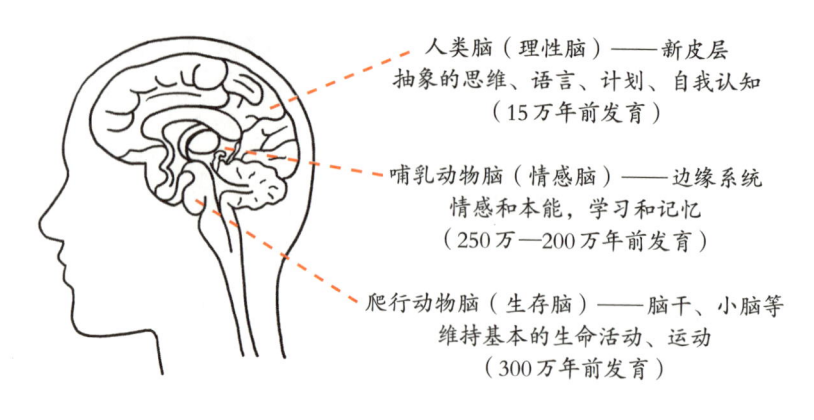

人类脑（理性脑）——新皮层
抽象的思维、语言、计划、自我认知
（15万年前发育）

哺乳动物脑（情感脑）——边缘系统
情感和本能、学习和记忆
（250万—200万年前发育）

爬行动物脑（生存脑）——脑干、小脑等
维持基本的生命活动、运动
（300万年前发育）

人的三层大脑结构

进化的目的不是完美，而是生存

几年前我在YouTube上推荐5本书时，反响最大并瞬间登上畅销书排行榜首的书就是盖瑞·马库斯的《怪诞脑科学》。当时这本书在书店里卖断货，《怪诞脑科学》的书名处处都能听到。这本书原名为"*Kluge*"，它指的是一种不够成熟、有点糟糕的解决方案。盖瑞·马库斯在书里指出，进化并不是合理地或者是有计划地发生的过程。

因为进化是在原有物种发生突变后，依据自然选择来检验的结果——"偶然被提出来，由自然来处理"，所以没有任何进化是在一片空地之上重新创造出来的。也就是说，进化就像软件更新一样，是在旧版本之上进行的更新或者打个补丁。因此，内置旧版本（旧代码）一直存在，无法清除，不像新系统那样干净利索。我们的身体之所以有许多弱点也是因为如此。我们的身体里充斥着许多错误，比如纤弱的脊椎，无法支撑我们的体重；眼睛的结构存在盲点；智齿；阑尾。因为进化的目的不是完美，而是适应和生存。就这样，由于盲目进化，我们的身体出现了许多错误，盖瑞·马库斯在这里更进一步提出，不仅仅是肉体，我们的大脑也是如此。

> 与此类似的是，生物不间断的生存和繁衍需要也常常阻碍它们进化出真正最优的生理系统。进化过程就和发电厂的工程师一样，不能让自己的产品"脱机"工作。于是，进化的结果多半也像前面发电厂的例子一样拙劣不堪，只能把新技术摞在老技术上面。譬如，人类的中脑确实是长在远古时就有的后脑上面，而前脑又长在后脑和中脑之上。（中略）奥尔曼曾提及这种拙劣的进化过程：新的系统不是另起炉灶，从头再来，而是建立在原有系统的基础之上，成为"技术上的逐层推进"。这样，其最终产品多半也是某种"克鲁机"。
>
> ——盖瑞·马库斯，《怪诞脑科学》

战胜基因误指挥的逆行者思维方式

当我们意识到Kluge病毒时,生活会发生什么变化呢?随着YouTube的盛行,喊着说"我现在也要做YouTube了"的人超过100个,但其中真正开始做的却只有3人。为什么人们只会下决心而不去执行呢?因为人类已经进化得逃避新的挑战。如果一个原始时代的人为了迎接新的挑战,而去偏僻的地方或向老虎扑去,他就会受到严重的伤害或死亡。相反,这些好处往往会落在那些没有直接挑战,而是等待在后面的人身上。因此,与我们听到的传说故事不同的是,勇士往往很难留下DNA,更不用说得到公主了。幸存下来的,都是那些耍小聪明的懦夫的后代。

这种小心谨慎的基因在过去是必不可少的,但在今天却变成了低等的,也就是所谓的Kluge了。过去,新的挑战与生存息息相关,但现在并非如此。我们即使在挑战YouTube、博客或新平台时失败了,也不至于面临死亡。然而,我们胆小的Kluge和懒惰的大脑却发出命令:"别多事了,你还是吃点薯片吧!"事实上,在今天,无所作为会直接导致"自由被剥夺"的结果。我们不能掌握一生,而是经常被金钱和时间束缚着生活。在挑战和创新已经成为主流的今天,胆小的Kluge已经成为自我发展的一大障碍。这就是让人一辈子只能做穷光蛋的顺理者们的致命病毒。

再就是这个对人们造成巨大伤害的Kluge病毒，它有排他性。原始时代，在100人规模的部落中被孤立就意味着死亡；如果没有人告诉你什么蘑菇可以吃，如果没有人和你一起出去打猎，你的生路就会变得渺茫。所以，古代社会有"驱逐"这样的刑罚，可能也是因为这个吧。为了生存，人类已经进化到了最适合社会生活的阶段。我们对别人的评价非常敏感，对别人的事情有着令人惊讶的兴趣；即使在喧闹的聚会现场，也能清楚地听到有人说出自己的名字；如果想和某人亲近，只要跟他一起骂别人就行了。人是社会性动物。

最普遍的Kluge病毒就是认知倾向偏差，即偏见。史前时代的人们进化成如果在黑暗处看到什么难以捉摸的东西的话，就会选择迅速逃跑。它可能只是一块大岩石，但如果真的是一只熊，必将带来无法挽回的后果。所以即使后来知道了没什么大不了的，遇到难以对付的对手时，也还是会优先选择躲起来，这才是"赚钱的买卖"。人们看到像蛇一样的东西时会大吃一惊，对腿多的毒虫等东西会感到恶心，吃了有苦味或异味的东西会呕吐。但在以前，这些倾向都对人类生存有过很大帮助。

但在今天还是这样吗？只看一部分就迅速对整体做出判断，有时很可能会造成巨大损失。年轻时候被女朋友连续甩了几次就认为女人都是自私的，这种行为极其愚蠢。被营销公司骗了一次就坚决不再做网络营销的老板,又会怎么样呢?十有八九会破产。我周围有很多人一直重复地说着"我干过,我知道"之类的话,却什么都不挑战。当然,他们过的是脚踏实地的顺理者的生活。

这种偏见Kluge,我真的在无数个场景中见过。在做出重要决定时或者购买昂贵商品时,我们应该考虑一下是不是陷入了偏见,仅凭一两个依据就做出了决定。我最近想在乡下买栋房子,所以看了几处房子。我的大脑开始下达命令说:"别再纠结了,快挑一个吧!看四栋就足够了,都是差不多的东西啊!"看了四栋左右,我就懒得再看了,疲劳感也随之而来。我判断那是Kluge制造出来的情绪。因为无论是买一块饼干还是买一栋房子,Kluge的工作原理都差不多。我开始在我的脑海中生产Kluge疫苗:"但这房子我今后要住上几年,这是我人生中一个重要的决定。如果买不好,以后就很难卖出去,一大笔钱就会被套在这里好几年。想想那种痛苦的感受吧!这样你就有兴趣看更多的房子了。"在这种思想的控制下,即使是遇到很满意的房子也不会马上签约。

Kluge造成的偏向非常普遍,很难被人觉察。让我们回答一些下面的问题吧。

- 假设你情况危急,需要做一个大手术。下面两个中哪一个更可怕?

- 该手术的存活概率高达80%，那些患者到现在还都活得很好。
- 截至目前，共有100人接受了该手术，其中20人在7天内死了。

这两种说法实际上大致是同一个意思，但人们却感觉第二种说法要恐怖得多。这种情感试探（Heuristics）（偏重于情感而做出不合理的判断）是我在经营营销公司中最常用的技巧之一。加入触动对方情感的语句或者是抽象的词语，会产生完全不一样的结果。我在开设YouTube频道的时候很容易就成功了，也是因为利用了人类的情感试探技术。

○ 假设有两个YouTube预览图，你会如何选择？
- 改变人生的5本书。
- 让御宅男成为10亿年薪者的5本书。

人的大脑讨厌抽象的词语。所以，如果你想调动你的对手的话，就要用具体的情况去触动他的情绪。相反，在做某些决定的时候，他就应该考虑一下是否陷入了这种感情试探。总而言之，当你想买昂贵的东西时，你要好好检验一下你的情感是不是被触动了。当你想要展示什么东西时，你要检验一下你的表达是否足够具体。首先要叫停大脑的即时反应，好好平复一下自己的不良情绪。这也是最近流行的"照顾心灵的冥想"短语的核心。许多自发性的行为和情绪往往会导致今天看来不正确的结果。

最后，我想问你3个问题，希望你能回顾一下自己平时是否足够警惕基因的误指挥。

问题1："你有没有一边看着别人的眼色，一边做出'错误判断'？"

声誉误指挥

原始时代，在一个范围狭小的部落社会，声誉比什么都重要。如果失去声誉，生存和繁衍就会面临不利，陷入绝望的境地。因此，我们的基因进化出了对失去声誉的巨大恐惧。然而，现在的我们与数十亿人口生活在一起，所以不要看别人的眼色，不要在乎声誉，不要为无关紧要的事情劳心劳力地浪费人生。

问题2："现在我害怕学习新的东西吗？"

对新体验的误指挥

虽然嘴上说着不需要，但其实可能是对学习陌生的事物带着本能的恐惧。你是不是也在努力逃避学习，并使之合理化呢？当人类的大脑对现在的生活感到满意时，它会倾向于遵守一些一直保持到现在的习惯。这是为了不浪费大脑的能量消耗而进化而来的，因此，我们存在着反感学习新事物的本能。让我们克服这个误操作，先开始试一下吧。毕竟第一步比什么都重要。

问题3："是不是害怕吃亏，而导致压力过大？"
规避损失倾向

人类已经进化到对"损失"比对收益增加更敏感的程度。原本赚1亿韩元的人，在赚到1.1亿韩元的时候感觉不到高兴；但如果赚了9000万韩元，大脑就会立刻发出危机信号，认为"每个月都在损失1000万韩元"。这是在释放压力，可能导致你失去快乐或者赚更多钱的机会。因此我们要与基因指令逆向而行，养成对损失忽略不计的习惯。

除此之外，警惕基因的误指挥更是不计其数。如果你对此感兴趣，我想推荐对我有所帮助的一些书，它们是《怪诞脑科学》《行为经济学》《思考，快与慢》等。如果打算简单学习一下基因误指挥，你可以搜索"情感试探"（Heuristics）来阅读。

克服基因误指挥，赚取30亿韩元

我想告诉大家如何实际应用基因误指挥的概念，所以给大家讲一下我的故事。2019年4月，我犹豫了将近6个月，才决定成为YouTuber。"没有拍摄设备""怕挨骂""已经是红海了"等上万个理由让我一拖再拖，或者是感觉现在开始似乎已经太晚了，放弃是早晚的事情。这时，我就运用了"基因误指挥"概念。

"我之所以这么犹豫，就是因为警惕基因的误指挥。我们进化到犹豫不决去做新事情的阶段。基因就是妄想阻止我玩YouTube。我产生已经为时太晚的想法，也只是警惕基因的误指挥。所有想玩YouTube的人都和我一样被这种妄想所制约。如果我从现在开始，在100个人中，只能排在第90名——我会产生这样的错觉，其实就是因为基因的误指挥。人类总是会被心理误区所困扰。但是在这100个人里面，第一名可能是那种天生有执行力的人，而且这个人已经出发了。如果我现在开始做，我将成为这100个人中的第二个开始做的人。那么，绝对不算晚。当所有人都被基因误指挥所困扰的时候，这反而是个机会。"

战胜了警惕基因的误指挥，我开始玩YouTube。但我又出现了触动自我意识的问题，这也是所有新手YouTuber都会经历的事情。已经上传了5个视频，我的粉丝还不足100人。虽然努力了一个月，但我还是感到很沮丧。在这种情况下，我内心的想法是："反正我不是正式来做这个的，也没有努力去做。只不过为了体验一下而已，现在就撤吧。"

但我认为这个指令也是基因误指挥："所有新手YouTuber都

会有和我一样的心情,世上没有人会一开始就做得很好。我承认我的实力还不够,我还是先分析一下那些优秀的YouTuber的所有缩略图和他们的前10秒吧。你是说现在不放弃,要继续下去?当新手YouTuber因为基因的误指挥和自我意识的伤害而合理化放弃的时候,我可以继续前进。"

最终,我完成了摆脱自我意识,认识到了基因误指挥。接下来,我的视频爆红,奠定了我成为拥有10万粉丝的YouTuber的基石,并且我成了最有名的"自我开发YouTuber"之一。当然,这也是我在此后能够抓住更多机会的原因。

第五章

逆行者第四步——
不断训练大脑

> 读杰出的书籍，有如和过去最杰出的人物促膝交谈。
>
> ——勒内·笛卡尔

让我们设想一下，假如一名拳击手，每天消灭一个流氓就可以得到1000万韩元的奖励。那么，这位选手通过小时候的训练积累的肌肉和体力、技术等，已经具备了能维持一辈子生计的能力。说实话，我认为当前世界的生活比这个"拿奖金的拳击手"的生活要容易得多。就像拳击手可以通过运动来"训练身体"，然后靠身体来实现一辈子赚钱的方法一样，人类也可以通过训练大脑，让自己一辈子都处于领先地位。

但是，打倒流氓并不能让你的技术升级。随着年龄的增长，体力也会渐渐变差，拳击手这种必须用一比一的时间换取金钱的模式具有局限性。与他们相比，我们的世界已经向我们完全开放。训练后的大脑会随着时间的推移而不断升级，并且随着年龄的增长而会变得更加强大，就像获得诺贝尔奖的学者或顶级企业家的鼎盛期大多在五六十岁时到来一样。而且，如果不断训练大脑，就可以获得"被动收入"——即使什么都不做，也能自动赚钱。本章我们将一起讨论一下如何训练大脑。

如果不断训练大脑，智力就会不断发育。智力发育带有复利的倾向，随着时间的推移，智力会像滚雪球一样自动提升。完成设置的人和没有完成设置的人，在10年以后就会呈现天壤之别。所以，我们必须不断训练大脑，让大脑保持最佳状态。

在我高考复习的时候，其他科目成绩都提高了不少，唯独语言领域是个问题，每次考试总是感觉时间不够用，努力了3年最终也只是4等级。与我付出的努力相比，成绩可谓是惨不忍睹。后来，我做噩梦的时候也会出现参加语言考试的场面。

不仅是我的阅读能力，童年的我几乎所有的决策都做得不好，很多时候都很狼狈。20岁出头的时候，我所有的设想几乎都落空了；到了25岁的时候，我的设想几乎是一半失败，一半成功。但是随着年龄的增长，失败的频率越来越小，从31岁开始就几乎没有大的失败了，现在的我几乎没有判断错误的时候。当然，也许哪一天我还会犯错，但与童年相比，我的脑子确实转得快到让人吃惊。虽然这算不上是一个可靠的测试，但我在20岁左右的时候智商是109左右，29岁的时候智商是125，34岁的时候智商上升到了136。当然，智商指的是同年龄段的标准偏差，通常情况下很难发生巨大的变化。所以，这些数字可能表示的是测试时注意力的差异。但可以肯定的是，我大脑的运转速度之快与10多年前相比简直不可同日而语。当时的我在输入信息后需要缓冲，决定做得很慢，计算也很慢。人们会看着傻傻的我，并安慰道："脑子笨点也没关系的。"但是大脑经过训练后的现在，无论接触到什么新信息，我的处理速度就比一般人快得多，好的想法也层出不穷。正如我现在无法再回到从前一样，我内心的某些东西已经发生了巨大的变化。

让大脑以复利生长

过去的科学家认为智力是固定的，他们认为，人的智力几乎是由基因决定的，即使学习再多，成年后的大脑也不会再发育。我们小时候不是都听说过"脑细胞只会死亡，不会再生"吗？然而，随着神经可塑性研究的出现，人类大脑可以根据使用情况产生新的神经细胞，也就是越用越灵。诺曼·道伊奇（Norman Doidge）博士的《重塑大脑，重塑人生》中有无数个这样的案例。那些没有空间感的人、自闭症患者、色情成瘾者、强迫症患者以及盲人都是因为大脑发生了戏剧性的变化，从而开始了一种新的生活。另外，有人对伦敦出租车司机的大脑进行了研究，发现他们的海马体（在大脑中负责空间和记忆的部分）比一般人要大很多。原因是他们要记住伦敦市内25 000多条道路和几千个广场。由于大脑具有巨大的潜力，不仅可以依靠训练来提高智商，而且还可以通过想象训练使身体的肌肉变得结实。我们已经进入一个新世界，已经不能说"我脑子笨，不行"之类的话了。

我想解释的是"大脑复利"这个概念。复利的力量是巨大的，如果10亿韩元每年涨20%，20年后就会变成380多亿韩元的巨大数目。实际上，价值投资达人沃伦·巴菲特在1965年到2014年，每年平均收益率达到21.6%，累积复利并创造了数之不尽的财富。如果你对复利的概念感觉不够真切，那我们就来想象一下僵尸吧。假如我们和邻国打仗，我们有一个奇怪的僵尸，如果把这个僵尸送到对方阵营里会怎么样呢？僵尸咬了对方的1个士兵，很快僵尸就变成了2个，如果这2个僵尸再去各自咬1个，那么僵尸就变成4个了。很快，8个，16个，32个……用不了多久，对方一半士兵就都变成了僵尸。当僵尸占比超过一半的时候，再过一个阶段，对方阵营就会全部变成僵尸。复利能够带来这种指数级的增长。因为第一次的时候，只有本金产生利息（僵尸），从第二次开始，前面产生的利息也会一起产生利息。

我在21岁的时候取得了爆发式成长也是这个原因。比方说我原来的知识是100左右,如果我一个月读一本书,我的知识增长正好是1%,但如果这样一年我读12本书,10年后知识量会是多少呢?是惊人的330,也就是原来的3.3倍。而我一个月才读一本!而当时,我在一年多的时间里看了几百本书。当然,我也不是全部精读,其中也有许多不怎么样的书,但重要的是,新进入脑海的知识会变成僵尸,以惊人的速度传染(吸收)到下一个知识点,再传染到下一个知识点。多亏了那些不知不觉中变成复利的知识,使我在入伍之前的7年里虽然没有准备高考,但却在语言领域得到了满分。

不仅在大脑中,人与人之间,知识的增加也是以复利形式来实现的,不信你看一下周围,很容易就会发现。不爱读书的人一年也不会读一本书(其实大部分人都是这样),这些人不仅是书,连报纸都不愿意读,在网上看文章也会因为看不懂文章的脉络,只能胡说八道,或者是发脾气。如果与这样的人对话,你会很郁闷。但是平时读过很多书的人,他们无论读什么书都能轻松消化,对书之外的其他文章也能很好地理解。所以无论何时拿起书,他们都能够获取一些高级信息。这两类人几乎在各方面都有明显差距,词汇量和理解速度不同,最重要的是,接受新知识的态度和深度也不同。通过坚持不懈地读书锻炼出来的人,即使是新的知识,也很容易通过已有的知识去吸收。就像优秀的运动员学习其他体育运动项目也能很容易学会一样。我记得在以前看过的某部纪录片中,有位教授说:"读书所产生的贫富差距比经济上的贫富差距更可怕,因为它造成了生活的两极分化。"

读书的两极分化会产生复利,所以我们要尽可能早点开始养成读书的习惯。一个人年轻的时候没有做过任何投资,到了60岁才想着加入复利储蓄产品行列,那么他是不可能得到复利的好处的。沃伦·巴菲特曾说自己人生中最后悔的事情之一就是从11岁才开始炒股,这一事实充分证明了"早开始"的重要性。其实我也很后悔自己在初中、高中的时候只知道打游戏。因为如果我不是在21岁,而是再早10年,甚至5年开始读书的话,就会取得可能现在根本无法比拟的成就。

"读杰出的书籍,有如和过去最杰出的人物促膝交谈。"这话说得实在太对了。比如说当我们自己在闷声闷气地学股票、学房地产的时候,认识的某位高手大哥随口点拨一两句,自己的脑子一下子就会清醒了,忽然眼前一亮。而书又绝对不只是邻家大哥的点拨言语,它是浓缩了当代最优秀的知识分子和专家们毕生学习的东西。如果你真的选择一本好书,无限吸收的话,那就无异于白白获得了作者花了几十年时间才掌握的知识和真理。

比如几年前,有些网友看了我的YouTube后受到鼓励,读了我推荐的5本书,就像是戴上了某种"眼镜"。因为我推荐那些书也有一段时间了,所以如果他们能够认真去读的话,那么往后他们就能够认识到自己的思想错误(《怪诞脑科学》),

能够把人分成支配欲、刺激欲和稳定欲三种类型（《大脑，解开欲望的秘密》[1]），能够努力高效地使用大脑（《有序》[2]）。我就是在读了《怪诞脑科学》之后，才从我自己和别人身上认出了无数的Kluge。我可能一辈子都戴着"克鲁机眼镜"，来消灭"克鲁机"们。如果任何人在人生早期就拥有了这样一副好眼镜，那么他会一辈子都能得到这些复利的恩惠。

从20岁开始实践大脑复利储蓄的人，和那些没有任何想法的同龄人相比，在30岁的时候就会成为完全不同层次的人。从这个时候开始，即使不再读书，知识也会自动积累。因为有了背景知识，即使不是看书而是看一部电影，现有知识也会被激发，产生新的想法。对于那些读过很多商业类书籍的人来说，哪怕只是去拉面店吃顿饭，菜单的结构、内部的装修、员工受教育的程度、店里的净利润都会自动浮现在他们的脑海中。对他们来说，每天见到的数十家公司和卖场都是案例学习平台。只要活着，知识就会累积成复利。相反，平时没有积累任何知识的情况，就像没有戴眼镜一样，什么也发现不了。就算是后来觉醒了，也无法缩小与那些很早就觉醒者之间的差距，因为别人也一直都在奔跑的路上。

---

[1] 德国心理学家汉斯-格奥尔格·豪塞尔（Hans-Georg Häusel）作品 *Brain View*。
[2] 丹尼尔·列维汀（Daniel J. Levitin）作品 *The Organized Mind*。

训练大脑第一步 —— 22战略

我很晚才考入哲学系，经常被同系同学问"为什么不学英语""为什么不准备就业"之类的问题。的确，当时的我从大一到大二的冬天，一门心思地看书和写作。但这并不意味着我花了很多时间，每天也就1~2小时。在上大学之前，我读了很多自传、自我启发书和心理学书，读了数百本书后，得出了"读书和写作是通往成功的最佳捷径"的结论。这也是那些在最坏的条件下创造最好人生的人的一个共同行为。

那时我加入了辩论社团和诗歌社团，积极地参加活动，因为我认为诗歌也可以培养创造力，辩论则是寻找被噪声掩盖了的信号的一种方法。虽然周围的人把读书和写作当成浪费时间，但是我不管，我每天都坚持读书和写作，其余的时间都在玩。其实我内心也有些不安，我也会想："这样做真的对吗？那些关心我的人才对我这么说，应该也有原因的吧？"但有一个信念是肯定的："上大学的时候，就做读书和写作这两件事吧。我不知道我现在做什么，也不知道我以后会做什么，但是，只要通过多读书、多写作、多加量（多思考），打好基本功，以后不管做什么，都能远远领先于别人。"

现在十几年过去了，在同龄人中，我比任何人都自由，我比任何人赚得都多，比谁都幸福。我认为人生中做得最正确的事情就是实践了"22战略"。阿尔伯特·爱因斯坦、马克·吐温、弗里达·卡罗、列奥纳多·达·芬奇等天才都喜欢写作。许多留名于世的作家、哲学家、企业家的文章都写得很好。我认为，他们被评为天才的原因不是他们文章写得很好，而是长期写作使他们的大脑更加灵光，从而拥有了更好的大脑。因果关系正好相反。

身体核心肌肉发达的人可以擅长任何运动。如棒球选手出身的YouTuber Yasin Yaduk（@YSYD_PARKCO），玩过橄榄球的YouTuber Malwang（@MrRagoona88）等都有发达的核心肌肉。在学习了新的体育项目的时候，他们向我们展示了可以用比别人快10倍以上的速度掌握技术。同样，如果我们锻炼了大脑核心的话，什么事情都能做得很好。人们经常会问我："你是怎么做到每做一件事都能成功的？为什么你可以毫不费力地完成各种不同的事业？YouTube、博客、市场营销、写书，无论做什么，你怎么都能轻而易举地实现目标呢？"我确信，我的秘诀就是我锻炼了我的"大脑核心"。

就像锻炼肌肉一样，你也可以锻炼大脑。但是大部分人在锻炼肌肉的时候都以失败告终，大脑也因为不知道怎么锻炼而选择放弃。两者其实有很多相通之处。首先锻炼肌肉的方法非常简单：①每次举起8个（哑铃）左右的重量，重复3组即可。在你举起8个（哑铃）之后，中间休息两分钟，需要重复3组。②多进食蛋白质。③休息48～72小时。只要跟着这样做，你就能进入前10%。

但90%以上的人健身都会失败。原因是什么呢？就是因为不遵守这个简单的法则，或者用低效的方法每天运动几个小时，最终因为太累而选择放弃了。我每周只运动一次，10到20分钟，尽管如此，每次别人见到我的时候总会说："你身材真好，在健身吧？"这跟获得财富自由的过程是一样的。大多数人试图以低效的方式获得财富自由，结果最终选择放弃。或者是因为自我意识，一味地坚持自己制定的方式，最终得不到自由。

运动失败的原因总结如下。

1. 饮食没有规律。

2. 每天做1~2小时的过量运动，最终因为累而放弃（明明做3组就可以的运动，却要每次做10~20组）。

3. 知道肌肉休息的时间很重要，却总是不留足够的时间。

4. 总是跟着职业健美运动员所需要的运动方式去训练。

5. 不知道哪种锻炼方法有效。

整理一下在争取财富自由上失败的原因，你们会发现和上面其实差不多。

1. 按照自我意识生活。

2. 照搬别人所说的成功方法（如3小时睡眠、奇迹早晨等那些根本不可能做到的"努力"）。

3. 忽视大脑锻炼，甚至直接无视。

4. 过度相信那些"只要我虔诚地相信，整个宇宙都会帮助我"之类的自我催眠，而没有进行有效的实践。

5. 认识不到书里有答案，书就是"攻略集"这一真理。

"22战略"就是训练大脑最好的方法。肌肉发达的人为什么能拥有那么好的身材？多少年来，他们一直坚持每周重复几次的"肌肉运动"，才练出了让人羡慕的肌肉。因此，为了让肌肉增长，必须"不断刺激肌肉"。同样，大脑肌肉也是可以刺激和发育的。我们为了增加肌肉，会提起哑铃；而对大脑来说，读书和写作就是让它变得发达的最有效方法。我认为没有比这更好的方法了。

"22战略"并没有什么了不起的，它指的是两年内每天花两个小时读书和写作。这种方法使我的大脑变得非常发达。我23岁才上大学，但我坚持了两年的"22战略"，在我24岁的冬天，我成功地完成了我人生的第一次创业，每月净赚3000万韩元。这几乎是一次触底反弹。

有人看到这篇文章后会感到害怕："好的……读书嘛，我懂了。但是还让我写文章？"在这里，我不是要强迫你当一名作家，以前我也会这样说："那人说要告诉我一个人生成功的秘诀，那是什么意思啊？"是的。我想说的就是人生攻略，通往财富的捷径。

改变人生的方法其实很简单，提高决策力就行了。在人生的迷途上，别人朝着死胡同走时，我只要选择一条通往出口的路就可以了。别人被自我意识所误导，冲向公司即将破产的股票时,我却以独特的眼光,在让别人瑟瑟发抖的暴跌中低价买入,我只需要培养自己这样的胆量就可以了。仅仅听别人的几句话就开店,或者被自己的固执所束缚而创业的人,其人生必然会陷入困境。摆脱自我意识,训练大脑,抓住别人看不到的机会,你就会随着人生这个游戏的进行而不断升级。读书和写作就是一个人生攻略集和通关技巧。因为它会直接发展成为决策力、创造力、元认知等。

当我们进行某种行为时,我们只使用了大脑的某个部分。在看YouTube、看惊悚片、旅行、约会、运动时,分别使用的是大脑的不同区域。但是阅读却几乎可以激活我们大脑的所有区域,增加脑细胞的活力,提升智力。我们在阅读的时候,并不只是读字,而是把它的内容在脑海中模拟,大脑并不能区分实际体验和这种模拟。所以,阅读更像是一种直接体验,而不是间接体验。实际上,阅读可以激活负责视觉信息的大脑枕叶,语言智能区域的侧脑叶,负责记忆力和思考力的额叶、左脑。根据书的内容不同,还可以激活掌管感情和运动的其他领域,也就是可以让整个大脑都使用起来。

阅读后,大脑的各个区域相互传递信息,从而被激活,脑细胞的活力增加使脑神经网络变得更加紧密。简单来说,就是智力得到提升。就像肌肉增加一样,脑部肌肉也会增加,内核变强。如果用计算机来比喻的话,现在它的运行速度会非常快。我20岁出头的时候,每当别人让我做什么事情,我总是行动迟缓；当身边所有人都理解某个东西是什么意思的时候，我却常常不能理解。而且我会在听到某个命令时陷入恐慌，"执行能力"很弱。但是从25岁之后，一直到现在，我都拥有比周围所有人更快地理解事物的能力，无论是什么情况，我都确信"我快速做出好的判断的能力能够进入前0.1%"。回想过去，我经常会想："大脑转速如此之快，这怎么可能啊？"

除了读书还要写作的理由是什么呢？不久前，我见到一位在20岁出头就能每月收入超过4000万韩元的企业家。我平时一直坚信不读书的话，人绝对不会变聪明，他却说自己不读书。他说小时候特别想读书，但人们写得太差，看不下去。但是，他后来坚持写作，也因为写作而变得聪明了。这话很对，写作和读书一样重要。

事实上，我最近写得也不多。因为感觉事业上都已经走上了正轨，我的判断力也没有什么问题。但如果我的判断力出现问题，或者人生开始纠结的时候，我就会重新开始写作。因为我确信能让我大脑变得更好的就是写作。写作帮助我组合和储存我思考的东西。比如，有人通过这本书了解了"22战略"概念，但只是读一下或听一下，并不能成为自己的东西。因为如果教给我们大脑10个东西，它最多只能记住一个，甚至连这一个都保存得不完整。

你必须写作，这样才能把看到的东西真正转换成自己的知识。比如，读者A以"自青主张'22战略'的理由是什么，我该如何实践"为主题，写过一两段文字；读者B边读边说"他说的这些话都是理所当然"，从而走马观花。两人脑海中留下的内容完全不同。前一种读者有可能会读更多的书，写更多的文章；后一种读者的脑海中只会留下这样或那样的自我启发书的标题。真正重要的不是读书本身，而是通过读书进行自我改变。

在两年的时间里每天花上两个小时去写作和阅读吧，其余时间，可以玩，也可以追求快乐。那样的话你的大脑就会得到锻炼。这不是什么难事，你只要每周做一两次，就能进入前10%。就像我说很少有人一个月能读一本书一样，几乎没有人能够有规律地写作。一周写一次就行，哪怕一个月写一次也行，如果你实在做不到，就在我运营的Naver社区"黄金知识"里组建一个学习小组吧。就像我在前面章节"环境设计"中所说的一样，把自己逼到绝境也是一种方法。告诉你周围的人，你开设了博客，创造一种每周不得不写文章的情况也是不错的。大学时期的我就像被什么东西迷住了一样读书、写作，但事实上每天实践"22战略"是一件非常困难的事情。读了这本书的人中，能做到这一点的比例大概不到0.1%，而每周能实践一两次以上的比例大约只有5%。

因此，人生真的如此简单，因为谁都不愿意做这么容易的事。大部分人都被基因的命令和本能所制约，制造出各种借口来放弃。宁愿每天早晨拖着疲惫的身体去上班，也不愿意晚上坐在桌前写一行字。这是因为现在没有得到回报吗？我不是给你看了我积攒了一辈子的复利储蓄了吗？那么多白手起家的逆行者，在那么多书上磨破嘴皮子说的话都不信？其实都是自己的借口而已。95%的人很快就会放弃，因为这是人的本性。所以我倒觉得："如果做不到每天都能实行，一周实行一天总行吧？"但是，连这样都做不到的人接近99%，所以你只要做到这样就可以远远超过别人，可以成为逆行者。

我也知道每天读书是最好的事情，但是我太懒了，做不到那样。于是我就想："每周拿出一天来读30分钟的书吧。我如果能做到这样，就能进入前5%。"然后坚持了10年，其结果就是我的人生从最坏变成了最好。

训练大脑第二步 —— 五子棋理论

玩过五子棋的人都知道，五子棋只要下好了，就可以不断地进攻。如果能够很好地与其他棋子连接起来，就会有更多的攻击路线。在这种情况下，对手往往只能防御，最终在游戏中失败。如果我们的人生也像五子棋一样，会怎么样呢？只要你能使出无数个致胜的招数，就自然能够在人生中获得自由。同样的道理，一个人就算一直很穷，但是当他走上致富之路时，必将会以几何级数增长的速度积累财富。五子棋是下棋的游戏,人生何其相似,也像是一场游戏,下着"决策"这步棋。

这样讲可能有点太抽象了,举个例子。在我的人生中,"22战略"是最好的第一招。"22战略"是一个能够提高智力的好方法,可以让我在以后也能很容易地吸收任何知识。第二招是"咨询"。经过8年多的咨询,我已经能够掌握人们情绪的运作方式。因此,自然而然地,我能够很好地开展打动他人的营销活动。第三招是"营销"。通过了解市场营销,我拥有了商业实力,做任何生意都不会失败。因此我能提前察觉到,从2019年开始YouTube将成为大势所趋。得益于YouTube频道的运营,我们能够招募到以我们公司的规模绝对无法招到的人才。也得益于此,我们接下来进一步扩张成立了多家公司。而且,也是以这些经验为基础,我现在能在这里写书。如果这本书也能卖得很好,那么我下棋的着数可以说是接近无止境了。也就是说,我在反复下着"玩,则必赢"的棋。

看那些富豪的采访,会有一句共同的话:"钱,一开始的时候基本上攒不下,但一旦开始赚,就会呈几何倍数增长。"写《金钱的属性》这本书的金胜镐会长也说:"我花了3年时间就开了100家门店。按常理来说,想要开1000家店的话,需要100年以上,但我没用几个月就完成了。"因此,为了达到这个目的,就算不能马上赚钱,也要下"长远之棋"。人生就是一场长达百年的漫长游戏,从20岁到60岁,有40年的全盛期。

因此无论是生意还是投资，那些因失败而感觉明天就是世界末日的人，他们太过着急了。我把这种不执着于眼前的利益和收入而长期下棋的方式，称为"五子棋理论"。2019年4月底，我开始做YouTube，从短期来看，此时开始做YouTube并不是一步好棋。有可能会成功，也有可能会失败。如果计算机会成本的话，即使成功，也不是一个赚钱的好买卖。与其做这个，不如做每小时赚90万韩元的复合咨询，一天做5次。单纯用金钱来衡量的话，这样做会有更大的利益（一天可以赚450万韩元）。或者跑一下我的"奇异的营销"公司的营销业务，每月可以赚2000万韩元的纯收入，这也比做YouTube好。因为如果做YouTube的话，每天要损失450万韩元。但从结果来看，比起当时疯狂工作，做YouTube带来的好处要多得多。

发在YouTube上的视频成功播出后，我不仅见到了上市企业的代表和无数个拥有几百亿资产白手起家的老板，我自己事业上升的机会也增加了，我还因此了解到了很多之前不知道的投资世界。因为那些人都是慕名而来的，所以我都没有必要做太长的介绍。不管什么样的生意，只要我在YouTube上提及，就会大幅提高他们的收入。最重要的是，来自全国各地的精英们都聚集到我这里，因此能够聘请最优秀的人才，我的公司才能得以壮大。

结果就是我的事情比3年前少了很多，但自动收入却增加了3倍以上。如果当时只顾眼前的收益，只做那些赚钱的事呢？收入虽然不会减少，但我依然会过着忙碌的生活，而且没有更多的时间去构思或开展其他的事业。而我现在有更多的时间、更多的收入。因为我是按照五子棋理论下的一步"长远之着"，所以我才可能有这样的变化。我想出五子棋理论后，在2019~2020年下了好几步好棋。

- 开始了YouTube。
- 为了销售29万韩元一本的PDF书，写了两篇稿子。
- 亲自创办并运营YouTube咨询公司。

咨询价格为一次39万韩元。虽然直接做复合咨询一次可以赚90万韩元，但通过亲自进行39万韩元的咨询，提高了我对YouTube的理解。这让我写了一本名为《YouTube运算法则踢踏舞》的电子书。这本书每月又带来了1500万韩元的被动收入，并且培养出了20多名订阅人数超过10万的YouTuber，掌握了YouTuber的成功模式。以这些经验为基础，2个月内我的YouTube的订阅人数从9000左右提升到50万，而在过去的3年时间里，我的订阅人数持续停滞在9000。

就在几年前，我打算写一本书，并把初稿寄给了近10家出版社，但大部分都没有回复，只有一家回复了，还是拒绝我的邮件。于是，我改变了想法。我想，不应该是我主动提议，而是应该创造出让出版社追着我约稿的局面。而且真的就在

YouTube这招大获成功之后，情况发生了逆转。我在YouTube上提到的这五本书，在这之前要么已经绝版，要么就是一天只卖出一两本，但后来全部成了畅销书。经常有出版社负责人说："这在出版界是前所未有的事情。"

结果如何呢？YouTube刚一开通，我就接到了100多家出版社的电话："咱们共同合作出一本书吧！""可以帮我们的书做一下广告吗？"其实，当时出版自我启发书的公司几乎都来了电话，那些之前拒绝回复我邮件的出版社也都提出了出版建议（到现在它们还不知道以前我曾主动联系过）。结果，我与自我启发书销售量排名第一的出版社签订了出书合同。因为当时我感觉这家出版社的规模太大了，所以连初稿都没敢发。

写书这件事情，其实如果单用金钱来衡量的话，可能也是在浪费时间。如果我用这些时间多关注一下业务，收益可能是版税收益的数十倍。但我认为出书可以提升我的品牌价值。因为这次经历，我既可以尝试出版业务，也可以利用市场营销，从长远来看，还可以提升我们公司的品牌价值，更有机会遇到比我等级高的人，从而获得启发。所以即使短期内有所损失，但这绝不是真正的损失。

所以你也要下好你自己的棋。如果你真的一无所有，不知道该做什么，那就去做代驾、做物流兼职，或者去咖啡店打工，总之什么都行。一边做，一边研究那里发生的现象并阅读相关书籍。做代驾的时候，你不能心存"我的人生为什么会这样"的想法，得读完与口才相关的书以后再去开车。当客人与你搭讪时，你可以尝试用一下自己学到的东西。如果你在咖啡厅打工，需要读20本与咖啡厅创业相关的书。总之，没有无价值的工作时间。

这并不是说现实很容易。人在一个糟糕的环境中，整个世界都会显得很消极，什么都不想做。这是理所当然的，因为本能让你这么做。但如果你只按照既定方式生活的话，就只能一边"反应"一边生活。难道你愿意在基因、本能和世界创造的轨道上满怀不满地走向死亡吗？我们要逆本能，要继续描绘未来，营造环境。只有那些描绘未来、压抑本能的人，才能与命运抗争。

你现在不是在忙于解决眼前的课题吗？让我们想一想，反省一下为了下长远之棋，我们应该怎么做吧。如果你真的想不出什么，希望你考虑一下我下的棋。赶紧离职去做一份简单的工作吧，就算你拿到的工资比那些有加班的公司少100万韩元，将剩下的时间用来运动和训练大脑，每天看1小时书。如果你有两份兼职工作，就一定要放弃其中一份，把那些时间用在去创意社区（喜欢自我启发的人聚集的空间），或者读书，或者见一些比自己强大的人身上。要记住，急于眼前的成就而浪费人生，那是顺理者的典型行为。

训练大脑第三步 —— 提升脑容量的三种方法

游戏中会出现"提升120%能力值"之类的魔法。如果我们能像那样提升大脑的能力值该有多好啊。我读了很多关于大脑和人类认知机制的书,也一直在思考如何使其更有效。就像之前说过的创造大脑复利、22战略、五子棋理论等都来自这里。大脑为了生存,只会想着如何尽可能少地使用能量,进行高效率的工作。虽然这种方式在原始时代可能是有效的,但对生活在现代的我们来说往往是不利的。所以,前面提到的方法都是为了想方设法唤醒懒惰的大脑,让它接受新的信息,创造新的东西。同时,让产生的这些想法在外部现实中得到体现,然后再从中产生新的信息再来刺激大脑,形成一系列的良性循环。到现在为止,我们讨论的是如何在大脑中铺设新的线路,这是一种与新的编程相关的东西。但在编程之外,我们还要让强大的电流流动起来,也就是激活它。现在我们一起来聊聊这些"刺激大脑"的现实版小窍门。

前面说过,练肌肉和塑造阅读大脑差不多。真正运动过的人都知道,身体刚开始也会抵抗新的运动,肌肉酸痛,热量消耗了多少就想积累多少脂肪。但如果能战胜这些,达到一定的水平,运动就会变得非常轻松。反过来说,做三组就能增大的肌肉,做到第五组也将没什么刺激的感觉。因为身体已经适应了。

大脑也是一样。如果你努力做到前面说的创造复利大脑、22战略、五子棋理论的话，一开始会有惊人的成长，但是这个有着机灵鬼称号的大脑又会开始适应了。即使努力做到和之前一样的程度，你的实力也将在得不到显著提高的时刻就到来了，这时需要的就是"刺激大脑"。想要刺激再次变懒的大脑，其工作原理与锻炼肌肉的原理相似。需要铺设新的线路，给这些线路以足够的休息，让它们各自就位。下面介绍一些我运用过的刺激大脑的方法。

1. 刺激没有用过的大脑

获得科学领域诺贝尔奖的人有什么特殊的才能呢？因为科学领域的诺贝尔奖也有众多的细分领域和主题，所以每个人都想知道他们有哪些共同点。但据调查结果显示，他们在对科学的理解程度上与没有获得诺贝尔奖的其他科学家没有太大差异。但是诺贝尔奖获得者们有一个与众不同的地方，那就是除了科学，他们在其他领域也有很深的造诣。科学领域的诺贝尔奖获得者们对文学或历史等其他领域的兴趣和了解度都很高。

无论是创造力还是智慧都来自综合思维。综合思维，通常被称为洞察力，是指把整个大脑整合起来时所发挥的思维能力。也就是说，为了提出好的创意或发现如神来之笔般的解决方法，有必要刺激大脑的各个区域。所以，当你需要新的想法或遇到棘手的问题时，你要努力刺激各种大脑功能。例如，为了刺激身体运动机能而进行新的运动；为了提升逻辑思维能力而看科学类的YouTube视频；为了唤醒音乐技能而听节奏感强烈的音乐；而当需要起名字或寻找好的表达方式时，就会拿起平时不怎么看的诗集或小说。这样同时多点触动多个区域，大脑就会有放大和扩张的感觉。我有过很多次这样去寻找答案的经历。

这里重要的一点是新体验。做生意，自然会有危机来临的时候，按常识来说，这时候应该读一些经营学书籍。但我经常看《三国志》之类的历史著作，或者看科学类纪录片或YouTube，然后就会自然而然地想到解决方案，进而就会奇迹般地解决问题。因为在阅读相关领域的书的时候，总感觉有些事情进展不大，但在看完全不同领域的内容时，往往会突然浮现出一些更高层次的东西。不仅是我这样，像爱因斯坦或者是费曼这样的天才物理学家也经常这样，这似乎是人类大脑运转的共同现象。

所以当事情不顺或者想要想出新点子的时候，我就会去学习一个完全不同的领域的知识。之前我读的书大多偏向于心理学或哲学等，这时就完全相反，我会看一些数学或科学领域的书。但这并不意味着我要深入研究数学、科学或历史领域的那些比较难的书籍。正如我多次说过的一样，我不是一个聪明人，也不是一个意志坚强的人，所以我找到的折中方式就是看网络视频。

从学习的深度和长期效果的角度来看,看视频并不是一个很好的方法,但有时候要比不看好得多。在遇到非常头疼的问题时,可能没有多少人能以平常心去翻阅书籍,但与其打开电脑玩游戏,不如打开科学类的视频,可以轻松地集中注意力。著名的科学频道的视频解释非常简单,即使中学生也能理解,最重要的是大都相当有趣。我个人推荐《科学梦》《SOD》《一分钟科学》《新博科学》《不行的科学》。

2. 走没走过的路

每当我看到那些不爱运动的人,说实话,我都感到惋惜。因为运动不仅能增强幸福感,还能治疗大多数的抑郁症,更能使大脑运转的效率最大化。我看到那些头脑聪明却不爱运动的朋友,总会发出一声叹息:"如果你能做些运动的话,你可能会更快地得到你想要的东西。"我几乎涉猎所有的运动,虽然实际上我本身也很喜欢运动,但其实我这样做是为了获得"更快的自由"。每周两次左右的运动可以阻止身体衰老,提高幸福感,极大地提高创造力和决策力。老实说,如果你能从这本书中获得"22战略"和"运动"这两点,就可以说是很成功了。

这是生长与老化、活动与不活动之间的较量。身

> 体需要动力,当我们激励身体的同时,也在激励我们的大脑。学习和记忆与运动技能共同进化,运动技能使我们的祖先有机会找到食物,就我们的大脑而言,如果我们停止活动,就真正失去了学习的必要。
>
> ——约翰·瑞迪、埃里克·哈格曼,
> 《运动改造大脑》

根据《运动改造大脑》作者的说法,对大脑有好处的运动不是剧烈运动。因为血液都流到肌肉里了,大脑的认知功能反而会下降。所以都说轻度有氧运动和稍微复杂的运动比较好,我认为散步是最合适的运动。只是这种散步有点奇特,要去一些没有去过的路,或者新的不熟悉的小区。走在你不熟悉的地方,你的大脑里就会形成一张新的地图,在探索新空间的同时,大脑会动员空间机能和身体运动机能等。作家迈克尔·邦德在《迷路人类的脑科学》一书中甚至说过,寻路的能力才是人类成功的秘密。寻路不仅能刺激空间知觉,还能刺激抽象能力、想象力、记忆力、语言能力。所以,让我们去没有去过的街道上四处走走吧。快步走大约20分钟,大脑血流量就会增加,对脑部的刺激会变强,还会有额外的运动效果。

当我向一位朋友提及此事时,他说:"我有一个最好的办法。"这是《驱动力》一书中出现的方法,通过改变上班路线的方法来刺激大脑。例如,如果之前是坐公交车上班,那现在就坐地铁去上班，或者就算是多花点时间也要骑自行车上班。还有干脆住在公司相反的方向，然后从那里出发去上班。这样试着来做的话，新的上班方法还真的很多。

我通常在读了一大堆书之后，脑海里还是有那些复杂的信息的时候，就会用这种莫名其妙的事情刺激大脑。除了活动身体，我还推荐以下活动。

- 乘坐不知道路线的公交车一直坐到终点站。
- 驾驶新车。
- 挑战新食物。
- 在没走过的路上散步。
- 听全新风格的音乐。

3. 充足的睡眠

我在21岁刚开始看书的时候，也看了很多关于睡眠的书。"动物为什么睡觉？如果不睡觉，人类会怎么样？"我对此很好奇。那时候因为痴迷于读书，所以我感觉少睡点觉不要紧，我愿意。我读了好多关于睡眠的书，综合内容后得出的结论如下。

- 绝对不能减少睡眠。有些人需要睡9个小时，而有人只睡3个小时就非常精神。你千万不要相信只睡3个小时的人在书中写的所谓"睡3个小时就够了"。专家们建议至少保证8小时的睡眠,这样大脑才会发挥出最大的性能。减少睡眠是低效率的极致。

○ 每个人需要的睡眠时间各不相同,要弄清楚能让自己保持最佳状态的睡眠时间,一般在6~9小时。

○ 午睡时间最好在30分钟以内。睡眠包括REM睡眠[1]和非REM睡眠,最好是在进入深度睡眠(非REM睡眠)之前醒来。

○ 虽然人类需要多睡觉的原因多种多样,但是以我的标准来看,需要多睡觉还有一个重要原因,那就是进行长期记忆的转化。人们睡觉的时候,会整理当天发生的事情,并将其转换为长期记忆。睡眠是保护大脑的必要行为。宁肯少睡觉也要多读书?完全是空穴来风。

○ 有时在刚睡醒时或梦中还能发现问题的答案。人类的大脑真的很神秘,即使在睡觉的时候也会继续解决问题。所以有的时候,我们会在醒来的时候突然想起某件事情的答案,或在一边发呆一边吃早饭的时候、洗澡的时候想出令人难以置信的主意。再强调一遍,睡觉绝不意味着浪费时间。

○ 没有必要羡慕那些天生就只需要很少睡眠的人。如果按照这种逻辑,那些每天只睡3个小时的人都应该成为富翁。这就像是在说那些活到45岁的人一定要比35岁的人有钱或者聪

---

[1] REM睡眠:rapid eye movement,快速眼动期,是动物睡眠中一个阶段。——编者注

明一样。但现实怎么会是这样呢？我每天必须睡8小时，每天都睡懒觉。我认为睡眠可以提高创造力，通过将当天经历的事情转化为长期记忆来积累智慧。其结果就是，虽然我的人生起步很晚，但我走在了所有同龄人的前面。

前面我提到锻炼肌肉和刺激大脑差不多。初到健身房的新手们经常犯的错误就是忽视饮食，只做运动。这就导致身体处于营养供给不足的状态，而通过运动形成的肌肉也需要在得到充分的休息之后才能真正转化成肌肉。有些人不考虑这些，只是不停地运动，最后却说："我这么努力运动，为什么没有肌肉呢？"还是因为不懂攻略。如果不了解我们身体的机制，执着于"运动的感觉"，只会伤害肌肉。前面说我每天运动三组，吃好，休息好就能维持身体所需，大脑也是一样。如果你在读书和写作的过程中让大脑运动了，你就应该给它足够的休息时间，让它把所学知识转化成真正的知识。休息一般就是睡觉。

除了充足的睡眠，我还想推荐冥想。旅游的时候什么也不想，眺望远方；一动不动地看着美好的风景；一边抽烟一边想其他事情；一边想着这样那样的事情一边洗澡。这些都被称为"梦想模式"。努力生活的人根本舍不得花时间去启动这个梦想模式。但我却恰恰相反，我认为这是一个非常宝贵的时机，无论如何都要创造出来。特别的，旅游可以刺激大脑，让其整合或整理现有的知识。我经常会出国一两周，作为老板经常消失，一开始公司的领导们颇有微词，但是我每次旅行回来，都会提出一些新的创意，并创造出丰硕的成果。

不要迷恋于努力的感觉，那只是自我安慰而已。虽然"奇迹早晨"也很好，有时候也需要熬夜，但要好好判断这是否真的适合你。人的大脑和身体是经过数百万年进化的产物，它们有相应的使用法则。就像不懂攻略就不可能提升等级一样，如果只遵循毫无根据的自我信念，就会永远过着顺理者的生活。

我曾经是一个干啥啥不行的人。但通过阅读书籍，我隐约理解了"什么是训练大脑"，而且相信大脑可以不断训练，把重点放在长期增益，而不是短期增益上，重复下好我的人生之棋。结果，我轻易地获得了财富自由。

当然，我不想把我和那些从小就基因出众、家庭教育完美、生活环境较好的人相比。也许他们取得的成就比我大得多，但这并不意味着训练大脑的概念就毫无意义。你要知道的重要事实是，从100个人中的第94名上升到第2名的方法肯定是有其独到之处的。

第六章

逆行者第五步——
逆行者的工具箱

> 没有人能保证在战争中获胜。仅仅可能是他拥有这样的资格。
>
> ——温斯顿·丘吉尔，《第二次世界大战回忆录》

人类的大脑喜欢"简单"，所以人类不喜欢复杂的想法，而是喜欢做那些做过的事情。即使在明知道换一份工作肯定会赚更多钱的情况下，也不想因为"在重复中获得的舒适感"而改变现有的生活模式。正如之前在基因误指挥中所提到的那样，这也是"厌恶新事物的基因"所导致。因此过去磨刀人一辈子只磨刀就行了，农民一辈子只干农活就行了。因为在过去，那些挑战新工作的人，被淘汰的概率反而更大。铁匠如果非要学打渔，生活不会有很大的改善；农夫如果突然去卖草鞋，也并不能改善他的生活。他们会因为熟练度不够，反而增大收益减少的概率。

现代社会呈现出与近代时期截然不同的生活面貌。社会已经被设定为越是尝试"新鲜事物"的人，越能获得巨大的财富。假设过去磨刀人月赚300万韩元，那么他活在现在会怎么样呢？他完全有可能每月挣5000万韩元，只要现在的一个磨刀人利用周末，像下面一样一周学习一项新技能。

- 一周时间学习YouTube视频编辑技术。
- 一周时间学习在Coupang[1]上销售。
- 一周时间学习网络营销课程。

这位磨刀人把自己的制作工序拍下来并编辑好发到YouTube上，并在固定评论里加上"Coupang链接"，然后使用在网络营销课上听到的一些技巧。最终的结果就是，这位磨刀人拿到了来自全国各地的订单，并通过YouTube赚取额外收入，还可能收到一些新的商业方案。通过这种经历，他不仅可以卖刀具，还可以扩大业务范围，比如他可以代卖"五金店"的产品，然后赚取50%的手续费。

也许你不是熟悉互联网的一代，也许你太年轻了，所以对上面所说的内容可能不太能理解。但没关系，你只要想"大致上有这样的东西"，然后继续读下去，等以后慢慢升级就可以了。

---

1 韩国的一家电子商务公司。

在前面的章节中，如果你已经完全改变了自己的潜意识，了解了警惕基因的误指挥，并已经在不断地训练大脑，那么现在只剩下学习一些知识了。在前面我反复说过，人活着是被本能和基因所控制的，正因为如此，小时候所期盼的"特别的人生"才会逐渐消失，最终选择顺应人生。如果你了解了逆向本性的知识，你就能过着与顺理者不同的生活。我也通过逆行者的工具箱，一天天地改变，从最差的人生蜕变成"获得真正自由的人生"。当然，就算是成为逆行者也不会一夜之间就获得自由，一年之内获得自由的概率也极低。但再过3年，5年，10年，逆行者就会和普通人产生悬殊的差距。那么现在来介绍一下我在这10年之中，为了获得财富自由、人生自由，是如何习得逆行者的工具箱的。

付出者理论 —— 逆行者得一给二

有一位替我炒股的高手，我每月会拿出一定数额的资金交给他，一年下来总计大约20亿韩元，一年之后这笔钱涨到了30亿韩元。我说要报答他，但是他说他决不接受，所以我不顾他的劝阻，给他买了两辆车并为他承担了江南新公寓的月租费用。其实这种报答所花的费用还不到我所获得的利益的10%。之后这位高手对我说："自青，没有人像你这样报答过我。有的投资人，我帮他赚了10亿韩元，他却只给我30万韩元，这样的人不止一个。但我帮他们，只是为了他们能过得更好而已。你是不是感觉挺遗憾的？"只给30万韩元，你能相信吗？

我立了一条铁律：白赚的钱，一定要拿出10%还给对方。例如，以前多亏朋友告诉我股票的信息，我赚了1.65亿韩元。于是在抛售股票那天，我就给那个朋友转账1700万韩元。他说："我告诉了那么多人股票信息，从来没有人这么报答过我……你是第一个。不过倒是有人赚了5000万韩元，然后只送给我2万韩元的礼物。"

读到这里，可能有人会说："如果你让我赚10亿韩元，我就给你5亿韩元！这不是理所当然的吗？"但实际上，这是一件非常困难的事情。这是因为自我意识和自我合理化会触发，从而耽误你瞬间的判断，如下示例。

- "虽说是他帮我炒股赚了钱，但最根本的原因还是我选对了人才能这样吧。"（自我意识）
- "反正他已经有数百亿资产了，我再给多少钱都没有什么意义。干脆把这笔钱再加放进去继续炒，以后再给他吧。"（自我合理化）
- "基金的手续费也不过百分之几，就给3%不行吗？10%太多了。"（躲避损失）

一些人如果这么想也是理所当然，但如果站在对方的角度考虑呢？你以后还会想帮这样厚颜无耻的人吗？打钱的时候我也会心疼，但我知道这种心理是在本能操控下产生的，所以我会想尽办法战胜这种心理。结果就是：周围的人会被我感动，以后如果有好的机会，还会想着优先考虑我。

当你看《离经叛道》的作者亚当·格兰特写的《沃顿商学院最受欢迎的成功课》一书时，你会发现一个有趣的说法，他说可以把人分为付出者、获取者、互利者三类。

- 付出者（Giver）：倾囊相授的人。
- 获取者（Taker）：只接收不付出的人。
- 互利者（Matcher）：收到多少还多少的人。

哪种人更有钱呢？猜猜看吧。

最穷的人是付出者，最有钱的人也是付出者。

一个创立LOGO公司的21岁男性曾经给我汇了1000万韩元。为什么会这样呢？原来他看了我在博客上写的"无资本创业"的文章后，立即成立了自己的LOGO制作公司，2个月赚了5000万韩元。为了表示感谢，他给我汇了1000万韩元。对于现在的我来说，1000万韩元可能不算什么了不起的金额。但如果是你的话，能忘记这样的朋友吗？2020年4月，通过我说的这种方式赚了钱之后，为了表示感谢，共有4个人各给我汇了

1000万韩元。说起来很容易，不过1000万韩元，但如果是你，你能做到吗？我敢肯定，能做到这样的人大概不到0.1%。两年后的今天，他们还在成功的路上继续向前。拥有逆向本能思维的他们在自己的人生中是无往不利的。

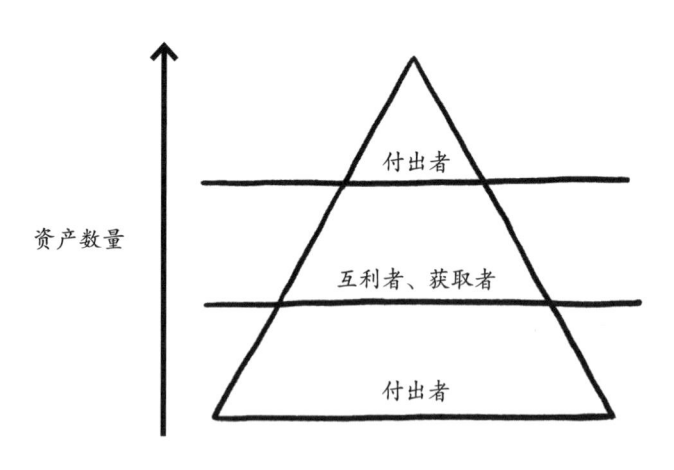

纵轴：资产数量

金字塔从上到下：付出者 / 互利者、获取者 / 付出者

资产与基金投资倾向

那段时间，我见过几百个年纪轻轻就白手起家的人，他们之中的大部分人都在花钱请吃饭或表示感谢上毫不吝啬。与一般人想象不一样的是，有钱人也相当节俭。有些人虽然坐拥数十亿韩元的资产，却因为舍不得出租车费，只坐地铁和公交车，但是他们从来不会在花费几十万韩元请吃饭时感到可惜。这就是因为他们有付出者倾向，也是他们成为有钱人的主要原因。

也有相反的情况。几年前，有个朋友要我帮忙创业，因为之前就认识，所以我也就免费帮忙了。虽然我那时还不是很有名，但身价已相当高，按咨询费来算的话，有个几百万韩元吧。一个月后，这个朋友再次来找我，说托我的福，效果很不错，这次来是为了寻求更多的建议。于是我又给了他一些生意上的建议，并一起吃了饭。可是吃完饭以后，这个朋友就站在收银台的后面，原来是他不想付那10万韩元的饭钱。打发走这个朋友，我就对我的员工说："那个朋友成功的概率几乎为零，我以后再也不要看到他了。"那个人后来怎么样了呢？结局是，他的生意做得不好，好像还涉及诈骗，偶尔会听到一些受害者哭诉说："听说他和自青关系很好啊，是这里以前的员工，是真的吗？"我只有苦笑，他从来没有做过我的员工，只是打着我的员工的幌子在外面招摇撞骗罢了。

这样的例子不胜枚举。我从来没有见过身边吝啬的人中有一个年纪轻轻就获得财富自由的。我认为判断一个人是否能够成功的因素之一就是他是否经常请客吃饭。因为请客吃饭这件事可以证明他是否有用短期损失来换取长期利益的判断力。就像前文介绍五子棋理论中所提到的，如果你是逆行者，你就必须做长期的投资，哪怕要承受短期的损失。那些连请客吃饭都不愿意付出的人，很难做好这样的判断。当然，他们成功的概率也很低。为了省下两三万韩元的饭钱而失去人心的人，想要在今后做好无数个人生判断的可能性几乎为零。

一年前，我曾帮过"Temple紧身裤"的代表理事宋妍珠女士，她曾在接受采访时说过这件事。采访者问她："自青为什么免费帮您呢？"宋妍珠代表回答道："我觉得企业家有一种倾向，就是得一送二，因此才能发家。自青之所以帮我，可能也是因为觉得帮了我之后会有更大的回报，才会那样做吧。"这句话就是正确答案。之前让我通过炒股赚了1.65亿韩元的朋友就是宋妍珠代表。我与宋代表之间的互相帮助并不止这一两件事，这种关系让我们相互得以提升。听一下我最近的一个案例，你就会明白了。有一位和我关系非常好的大哥，他通过化妆品营销创造了超过100亿韩元销售额。某天因为是大哥的生日，我送了一台价值100万韩元的显示器作为礼物。结果第二天这位大哥就送来了一台价值200万韩元的电视机，说是庆祝我乔迁之喜。成功人士都不吝啬，他们会想尽办法帮助他人，而且是倾囊相授，都有付出者的倾向。

所以你也考虑一下成为付出者吧。在人生这场漫长的博弈中这是一种最好的投资方式。炒股赚钱的人不过10%，然而我们还在炒，那你为什么不考虑一下这么高性价比的投资呢？也不一定要花多少钱，即使你每月收入200万韩元，请你心存感激的人吃顿饭也不是什么难事。如果真的没钱，拿出你的诚意来就行了，1~2万韩元的礼物也可以。其实，一年前我们公司的一位新职员曾给了我一封4页纸的手写信，我现在也经常拿出来读，非常受启发。吝啬的人是因为没有诚意，不是没有钱。

但是有一点，要能够区分并躲开那些收到多少就付出多少的互利者和那些只接收不付出的获取者。许多时候，仅凭外表很难分辨。万一弄不好，还会持续对获取者发善心。记住，金字塔最下面的一层就是"愚蠢的付出者"。据观察，获取者和互利者经常会做出一些共情能力差、过度的自我合理化、伤害他人等不道德的行为。你可以看一下他们如何对待比自己弱小的人。通过下面的两个练习，让我们更接近付出者。

- 回想一下自己过去一年里做过什么样的付出者行为。你不妨合上书，出去散10分钟的步，好好沉思一番。
- 向最近对你人生产生最大影响的人送一个礼物或者汇一笔款。或者，如果发现对方遇到了困难，就写上自己的解决办法发给他吧。

概率博弈 —— 逆行者只押注概率

比起收益，人们往往把损失看得更重。如前所述，心理学将其称为"规避损失倾向"。简单地说，原来每个月能赚1亿韩元的人，即使赚了1.5亿韩元，也不会太高兴。但如果出现每月收入9000万韩元的情况，他就会感到不安，心理上也会受到打击。如果收入减半，即便实际上对自己的财富自由没有大碍，但大脑也会宣布进入紧急状态。也就是说，人类对损失的反应比对收益的反应要敏感得多。这也与进化有关。在食物充裕的情况下，即使再充裕一些也不会影响生存。但是一旦出现食物减少的情况，就会对生存和繁殖非常不利，所以大脑就会因焦虑而感到紧张。规避损失倾向是人类自然存在的一种心理机制。

在现代社会，规避损失倾向其实是没有必要的，它只是基因误指挥的结果。虽然我们不会饿死，但原始本能让我们产生了恐惧，导致我们做出愚蠢的判断。以扑克牌游戏为例说明一下。其实玩好扑克的方法很简单，只要排除情绪的干扰，根据概率押注即可。例如，如果你的胜率是55%，那么你只要战胜你对损失的本能恐惧，下注就可以了。如果完全按照概率去下注，你可能会输掉某个特定的一局，但是从长远来看，你一定会赢得游戏。人生亦是如此。如果有赢的机会，就要战胜规避损失倾向，大胆下注。即使失败了，只要觉得"我做得很好了，只是概率原因，没办法"就行了。

你认为人生是什么呢？我把人生看成一种游戏，因此，这本书设有"逆行者人生攻略集"的主题。只是人生这个游戏有点独特，人生游戏是一种超长期游戏，在出生时登录，到死时才能注销，不能中途随意退出，也不能突然调换队伍。有些人可能在人生的前半场取得了巨大的成功，但在几十年后又完全失败了。而像我这样的情况却恰恰相反。所以人生这场游戏很有趣，但也很难。

作为一种超长期游戏，人生有几个特点，就是要和身边的其他玩家不停地交换一些东西，把游戏继续下去。另外，它不是一方单方面地夺走另一方的东西，有时两者共赢，有时两者同归于尽，这也是它的一个特点。这种游戏被称为非零和博弈（non-zero sum）[1]重复游戏。简单地说，这是一场漫长而复杂的游戏，很难马上知道对方和自己的游戏结果。

人生在世总是很难决策，因为无法确定结果。因此，我想和"付出者理论"一起说的就是"人生是概率博弈"。概率博弈理论是让逆行者时时都能做出正确选择的工具。人生也一样。如果你的决策能力比别人高一点点，那么你在人生中要做的数百次决策中做出正确选择的概率就会增加。而反复做出正确决策的人与做得不好的人之间的差距就会逐渐呈现出天壤之别。所以只要你能做出比别人更好的决定，哪怕只有5%，那你的人生就注定会走向成功。因为人生是一场无止境的重复游戏。

27岁的时候我和哥哥的几个朋友一起打扑克。打扑克的第一天，我就输了个底儿朝天。但我记得在修学旅游的时候我和朋友们一起打扑克都赢了，而今天完全是耻辱性的失败。自尊

---

[1] 非零和博弈是一种合作下的博弈，博弈中各方的收益或损失的总和不是零值，它区别于零和博弈，在经济学研究中比较有用。在这种状况下，自己的所得并不与他人的损失的大小相等，连自己的幸福也未必建立在他人的痛苦之上，即使伤害他人也可能"损人不利己"，所以博弈双方存在"双赢"的可能，进而达成合作。

心受到伤害的我，出于竞争心理，在图书馆看了3本有关扑克的书。就像小时候和同学玩游戏时偷偷看攻略集一样，这次我也仔细研究了攻略集。

之后我又和哥哥们打了一次，这次我当然赢了。哥哥们都已经打了5年多扑克，而我只是初出茅庐的新人，这让我真切地感受到了书的威力。秘诀是什么？很简单。不带任何感情，立足于扑克知识，只是以概率来分析场上的情况，这就是获胜的秘诀。举个例子，大多数人在玩扑克时都会犯以下一些错误，其都跟生活中犯错的模式差不多。

- 因为不想在别人面前丢脸，为了和别人斗气，而坚持下注。（自我意识保护）
- 只想着赢了这局就能赢大钱，沉浸在会成功的想象中，却不去想万一不成功的情况。（愿望思维）
- 误认为"从开始一直输到现在，这次肯定要轮到我赢了"。（赌徒的谬论）
- 输了很多次之后就开始生气了，不理智地计算概率，只凭感觉下注。（不是概率游戏，而是情绪游戏）

怎么样？很像我们经常做出错误判断的时候吧？当哥哥们被这些情绪所左右，进行错误的下注时，我看着所有的牌，认真地计算概率。比如胜率在55%左右时，就直接下注。从概率上看，当然很多时候是对方获胜。即使输了，我也不动摇，因为我认为我押得很好。即使赢了，我也不会过于欢喜，只是一边称赞自己冷静地下注，一边调整心态，把接下来的问题交给时间。这就像赌场里最终以仅仅领先0.1%的胜率赚了大钱一样，最终我也是领先了一点点，以很小的差距获胜。

我为什么突然说起扑克？因为人生也一样。每当我们做决策的时候，都会受到愤怒、愿望、自尊心和本能的干扰。人实际上与动物很像，非常情绪化。直到最近，人类才进化出可以计算未来的大脑，尤其是遇到严重危机的时候，原始基因会激发情绪行为。比如股市暴跌的时候，理性大脑会说："只要在这个时候坚持一下就行了。再等等！"但哺乳动物大脑比它更强烈地发出指令："现在不卖，你的人生就完了！快卖！"之后的结果就像我们所经历的那样，明明知道这个时候不能看股票窗口，不在这上面花费心思才是对的，但我们偏要亏本出售，然后又后悔不已。

人生需要理性决定，才能获得最终胜利。我在前面强调要摆脱自我意识，要训练大脑，也是出于这个原因。我们本能地对损失更敏感，所以我们应该冷静地审视自己，不要因为这样的Kluge而做出错误的判断。我们应该用人脑去压制爬行动物大脑和哺乳动物大脑，因为人生就是连续不断的选择和决定。在生活中，概率博弈的例子数不胜数。

概率博弈示例1

在退学之前的两年里,我坚持践行"22战略",集中于读书和写作。我认为这两种行为比托业(TOEIC)学习、就业学习和专业学习的"价值"都要高。几乎所有白手起家的人都认为这两种行为是以复利的形式更新大脑的方法。当然,每当周围的人问我"为什么不学习托业,只看书"的时候,我也会感到不安。但我决定赌一把,最终在我开始读书4年后,也就是在我25岁的时候,我已经和我朋友每月赚3000万韩元了。这是通过概率博弈逆向本能的结果。

概率博弈示例2

我刚开始做YouTube的时候也很担心:"如果恶意留言者们编造的信息对公司造成了不好的影响怎么办?我要对我的员工的余生负责……如果我现在所拥有的一切都被攻击垮了怎么办?"但我无论怎么算,都认为做YouTube的"收益远大于损失"。正如我计算的一样,多亏了YouTube,我可以见到所有和我有相似倾向的人,我可以进入更高层次的联赛,也可以在一个小企业里聚集如此多的精英。我理解了本能的恐惧是因为警惕基因的误指挥,并在"概率博弈"上下赌注。

概率博弈示例3

我刚去土耳其旅行了两个星期,现在我的员工有100多人,所以我的心情有点沉重。因为我总是在想："如果他们觉得我在玩怎么办？如果他们认为老总不干活怎么办？"但是我认为我的这种苦恼是因为人类的"对评论的敏感性"而产生的。人类已经进化成在100人左右的群体社会中生活，因此把"内部的声誉"看得极其重要。所以，一旦被孤立，就会被集体排斥；一旦被恶评，心理上就会受到很大的伤害。我知道了这些事实之后，我就觉得"只要我能提升自己就可以了""只要我能想出更好的创意就可以了"，最终我认为与声誉下滑相比，"发展的期待值"更重要。于是，我"嗖"的一下飞到了土耳其。

想要做好概率博弈，前提是要做好"逆行者七步法"。考察一下自己的不适情绪是不是因为自我意识造成的，自己现在的心理是不是基因误指挥或者是被禁锢的身份认同感造成的，如果认为胜率高，就应该"下注"，并对结果价值超然。即使你的赌注失败了，也要表扬自己，你的选择没有问题，是概率的缘故输了，所以你也没有必要太介意。你还是专注于如何延续游戏，如何逆袭本能吧。如果你也要进行概率博弈，请记住下面的问题。

- 最近做的决策是遵循概率博弈，还是受规避损失倾向的影响？
- 你人生中成功的概率博弈有哪些？试着写3～4行吧。

提坦[1]道具 —— 基因中铭记的工匠精神

正如第一章所说,我曾经很自卑,认为自己一无是处。尽管如此,我还是获得了财富自由。秘诀是什么?因为我违背了人类对"工作"的本能。人类可能是被设计成一辈子只做一件自己能做好的事情。过去的铁匠们一辈子只做一件事,农民也用自己已经掌握的知识过一辈子。因为有这个就足够了。但现在我们只有逆行,违背命令我们"只做一件事"的大脑,才能获得自由。你需要掌握三到四个粗浅的技能,而不是只做一件事。我在读史考特·亚当斯的《我的人生样样稀松照样赢》的时候发现了这个秘诀。

史考特·亚当斯失败了无数次,后来因为漫画《迪尔伯特原则》而大受欢迎,甚至他的漫画被世界2000多家报纸连载。这种成功是如何实现的呢?因为画画水平好?你搜索一下"迪尔伯特原则"就知道了,这不是一部需要超强绘画实力的漫画,只是讽刺职场生活的新闻漫画。那么他的成功是因为运气吗?也不是。看了漫画你就知道了,它非常好地抓住了现实,让上班族们不得不哈哈大笑。这才是重点。亚当斯不是画画画得最好的人,也不是一个在工作中埋没了一辈子的人。他所拥有的能力顶多只算B级,但这些因素合到一起,就让他成了"职

---

[1] 在希腊神话中,提坦(亦作泰坦)是奥林匹斯众神统治前的世界主宰者,他是盖娅和乌拉诺斯的孩子。

场漫画之神"。《我的人生样样稀松照样赢》的原题为《如何在几乎所有事情上都失败却仍然大获全胜》(*How to Fail at Almost Everything and Still Win Big: Kind of the Story of My Life*)。

适中的绘画功底 ＋ 锻炼出来的幽默 ＋ 职场和创业经历
＝0.01%的特殊存在

这就是人生攻略的秘密。在某一领域进入前1%，是需要天赋和努力相结合才能实现的。但是如果想进入前20%左右，也就是B级水平的话，任何人只要努力就可能达到。如果聚集几个B级的武器于一身，你就成了一个不可替代的人。我们靠学习进不了前0.1%，靠体育或艺术也进不了前0.1%，因为那是天才的领地。但即使是普通人，如果聚集了提坦的道具，将几个前20%的实力合在一起，就可以成为一个可以战胜前0.1%的怪物。

看一下我的情况吧。我写作不如专业作家好；做生意不如大企业的总裁们；也不像拥有100万订阅者的YouTuber那样擅长运营YouTube；虽然外貌比以前好多了，但长得不算很帅；身材也只能算中上，不能和健身教练或模特相比。但即使在这样的条件下，我通过最少的视频在我开发的YouTube频道上获得了16万订阅者。这个世界上有很多比我事业有成、有钱、聪明、能说会道的人，但能够综合这些都不出众的能力，开发YouTube

并通过它赚钱的人却寥寥无几。

在我的YouTube早期视频中，有一个标题为"提坦的道具"。在这段视频中，我解释了开始做YouTube的原因："我不知道YouTube是什么，我不会设计，也不会拍摄。但是只要我尝试做YouTube，我就能成为排名前1%的YouTuber。我只要尝试做编辑视频这件事，就能在全国人民中排进前1%。"

结果，我将叫作YouTube的提坦道具和我原有的道具相结合，成立了"Rising YouTube咨询"和"YouTuDio"（YouTube编辑公司）两个公司。我打算等我出版完这本书后，将我的生意领域扩大到智慧商店和制造业等领域。我不是为了赚那点钱。因为我知道，如果收集新的武器，与现有的知识相结合，就会产生巨大的协同效应。

提坦道具的力量不是在有2~3个时发挥，而是要聚集到5个以上时才会放大数倍。下面我为大家介绍一些马上就可以对你有帮助的提坦道具。如果你学会了，你就会立马赚到钱。当然，也不一定就是这些。做过10种以上的兼职或有过在东大门工作的经历也会起到帮助作用。但前提是如前所述，阅读与自己打工领域相关的书籍或实践"22战略"才行。

1. 网络营销

你只要知道网络营销的存在，就会有很大的帮助。在做生意的过程中，到了必须销售自己商品的时候，只要知道一些有代表性的网络营销方法，就能扩大你的生意，获得一些好的创意。你最好读一读相关的书，花不了多少时间。如果你连这点时间都舍不得的话，那就去搜索一下"网络营销"，那里（"奇异的营销"网站）会有我写的文章，哪怕读一下这些，也会对你有帮助。

a. 博客营销

我的大部分生意都没有花一分钱广告费，都是靠博客营销成功。"Atrasan"和"奇异的营销"都是通过博客营销创造了1亿韩元的销售额。因为是创意产业，所以大部分销售额都是纯收入。真正让人郁闷的是，人们把博客当成了"过时的东西"。很少有人能像我一样从YouTube营销中赚到钱。我创办了YouTube咨询公司和YouTube编辑公司，还写了一本有关YouTube运营方法的书。尽管如此，我还是觉得博客是最好的。例如，由我担任代表的"奇异的营销"，对100多家医院和律所办公室进行博客营销，他们每月支付400万韩元以上的营销费，但续约的比例超过97%。原因就是与成本相比，他们的收益更大。我的亲戚家的弟弟也是一位月收入4年多都没有突破600万韩元的公司老板，但是自从了解了博客营销的世界之后，每月收入为4000万韩元。他为了表达谢意，每月给我汇款600万韩元以上。

博客营销没有特殊的学习方法，读10本相关的书就行了。我也是在读了10本书以后，才把这些书共同强调的东西都吸收了。该说的都在那里面了。如果没有这个时间，你可以听一下"自青101课堂"中的博客部分，或者在101课堂网站上搜索"金组长"（他是"奇异的营销"的初创成员）。现在很多个在线课程平台也都有博客课程，建议你听一听。如果你真的没时间也没有钱，连这个都做不到的话，那我最后给你讲一个小窍门。

- 在标题中写出你想要找的关键词。比如你经营"安山健身房"，那么把这个词放在博客标题里就行了，这个"安山健身房"就是关键词。
- 把你想的关键词写在博客正文里，重复写5次。这样就行了。真的，这样就行了。

只要运营好一个博客，个体户们就可以每月赚1000万韩元，或者成为社区的头号店铺。健身中心、普拉提中心、马卡龙店、按摩店、手机维修店等不计其数的行业都属于此类。当然有些社区的商家是以服务或质量来竞争，但绝大多数商家对于博客营销甚至想都不敢想。在这种情况下，你只要将"关键词重复5次"就足以超过竞争者们。更详细的小贴士我都写在我的博客上了。

b. Instagram和YouTube

和前面一样，你一定要听相关的讲座，阅读书籍，去理解"原来是这样一个系统在运转"。你应该通过搜索了解如何创作内容以增加粉丝和订阅者、赞助商广告、YouTube广告等。即使没有马上运营的想法，只要提前了解就能瞬间冒出许多创意。如果你掌握了这些知识，你就会在一两年内和其他知识结合起来，产生想法。刚开始可能什么都理解不了，但只要浏览一遍，就会逐渐产生兴趣，理解度就会提高。

c. Naver上的智慧商店

关于智慧商店，我们没必要了解太多，只要看相关的讲座、书籍、YouTube，然后跟着做就可以了。当然，这样做也不可能马上赚钱，但是你在收集这些提坦道具的过程中，会产生一些可应用的想法。智慧商店的课程非常多。课堂101从申师任堂开始，有无数专家拍摄了讲座。

2. 设计

设计也是一种极具性价比的技术。如果觉得范围太广，我推荐网页设计。如果你学会了网页设计，你可以用它来做很多事情，比如PPT、缩略图、Instagram、博客、网页等。如果我现在20岁出头，肯定会去上网页设计培训班，之后就会通过

Kmong[1]等才艺平台卖几件商品,培养一下自己的专业技能。学好设计,会有很多用处。

实际上,听过我无资本创业讲座的人中,就有一人因设计而大获成功。完全不懂设计的20多岁的年轻人,通过学习无资本创业理论,现在每月获得3000万韩元的纯收益。这就是获得Kmong 2020年终大奖的企业"Greeda"。

另一个案例,是一位25岁的女性,她靠做贴纸生意为生。我告诉这位朋友:"你有设计实力,你可以尝试创办一家LOGO公司。"于是,她花一年时间就创建了一个设计服务公司,员工超过15人,每月净收入3000万韩元,这家公司名为"Herue"。除此之外,还有其他20多岁的年轻人经常来到我经营的咖啡馆和酒吧,对我说:"我的LOGO生意让我获得了自由。谢谢您。"

为什么设计界会出现这样的成功案例?因为这是一个正式的企业家们不会轻易进入的领域,而大多数设计师又没有什么商业思维,因此没有竞争者。所以,只要有一点设计实力和商业手腕,就能一炮而红。这是一个典型的"集三个B级"就行得通的市场。

---

1 Kmong,一个韩国的自由职业者接单平台。——编者注

3. 视频编辑技术

视频编辑技术也可以被广泛应用，这项技术也不需要花费很长的时间，只需要2～3天的时间，通过编辑App就可以轻松体验。我试着用了一个叫Kine master的App简单学习了一下，收集了我的提坦道具。如果你有时间，不妨参加一下1～2周的短期速成培训。如果想更加熟悉，你可以尝试运营YouTube或帮助熟人运营YouTube，这也是一种方法。即使你以后会把事务交给专业人士，本人也要有所了解才行。以我为例，我制订了"周日吃完午饭学习两个小时"的计划，正好学习了3天。感觉掌握了一些编辑的技巧，后来在交给专业人员做的时候，我也能提出一些自己的细节要求。结果，名为"自青"的YouTube账号火了。

4. PDF书的制作与销售

最近掀起了PDF书制作的热潮。我的"Pudufu"公司销售单价为29万韩元的书，每月获利5000万韩元，现在不同领域正同时销售6本书。6本单价为29万韩元的书销量翻倍会怎么样呢？答案是平均一个月能产出9000万韩元的纯收入。一本名为《超思考写作》的PDF书，一天内销售额就达到2亿韩元。当然不是随便某个人都能赚这个钱，但之前想都不敢想的领域也能创造出如此利润。

一般情况下，通过出版社销售的书籍定价为15 000韩元，其中10%即1500韩元将返还给作家。如果是无名作家，版税率会更低。但是在制作PDF书后直接销售的情况下，1万韩元的书每天只要卖出10本，每月就能获得300万韩元的纯利润。当然，这绝对不是一件容易的事。但它的优点是谁都可以尝试，而且收益率也高。得益于这些优点，最近PDF书很畅销，但宣传和结算都非常不方便。为了消除这些不便，我创建了PDF书平台"Pudufu"。这也是基于"五子棋理论"和"提坦道具"而启动的事业。

5. 编程

我最遗憾的事情之一是没有学会计算机编程。在写这本书的时候，我甚至想过"我也花几个月的时间学习一下吧"。编程是最高级别的提坦道具。在订阅者聚会上，有几位20岁出头的朋友，每月净赚数千万韩元，他们的共同点是会编程。

这一点从21世纪新兴富豪身上就能看得出来，市值最高的新兴公司都是以IT为基础的公司，创业者们都会编程。编程能力之所以具有优势，要归功于它可以无限复制。对于制造业来说，原材料采购、库存管理、员工管理、生产管理等众多问题永远存在。如果产品不好，还要进行物理召回，即使销量增加，前面的过程也会削减收益，因此利润率很难呈指数级增长。但对于IT业务来说，所有这些缺点都消失了。也就是说，游戏产业或金融科技产业所显示的惊人收益率是完全可能的。

刚写这段文字的时候我已经下定决心；我要学一点编程，再去收获一个提坦道具。

对于到目前为止介绍的超性能级别的武器，你没必要害怕。如果是我，我可能会安装"线下培训平台"App（On-off-Mix等），然后去参加一次短期速成培训。一次全天授课也好，每周1次为期4周的教育也好。或者在Naver社区"黄金知识"中找到一个与此相关的学习小组也不错。总之，试与不试有天壤之别。

元认知 —— 主观判断是顺理者的专利

大多数人不能获得自由，是因为"判断力"模糊。因为太过自我，大部分人的判断都很主观，这也是被本能所左右，按照命运的节奏生活的结果。接下来讲讲逆行者的工具箱中最核心的"元认知"。有一定知识的人，最近一定已经接触了很多次"元认知"这个词。令人好奇的是，这个几年前还很少有人知道的词，为什么会突然流行起来？虽然说的人很多，但其实很少有人能正确地定义这个词，更重要的是，没有人能具体地告诉我们如何培养这个能力。可以说，这个词的概念和重要性还处于即将被公开介绍的状态。

简单地说，元认知就是客观地了解自己目前状况的能力。

比如，假设本人年薪可以拿1亿韩元（客观事实），但是因为每个人的判断可能各不相同，有人会产生错觉，认为"我应该年薪2亿韩元"，也有人可能会认为"年薪5000万韩元就行，现在拿得太多了"。如果自己年薪1亿韩元，并且感觉"这是与我能力相匹配的"，那么这就说明他具有良好的元认知能力。能够这样对自己进行客观判断的能力，就是元认知。

所以元认知是一种奇妙的能力。因为这不是一种擅长数学、背诵、运动等方面的能力，而是"认清自己能力的能力"。许多人说元认知比任何智能都重要。因为元认知是一种很难获得的复合能力，所以要想做好这一点，需要高智商，摆脱自我意识，警惕基因误指挥，通过实践而领悟的检错法，以及分析能力等综合能力。是不是在哪里听说过呢？这正是逆行者所具备的能力。

在解释元认知时，一般会把它定义为"清楚我是否知道某种东西的能力"。而我则会把元认知的范围定得更大，即"可以自我客观化的能力"。这样如果我的自我客观化做得好，我的决策力就会全面提高。因为知道自己哪里不足，所以就会努力去弥补这部分，进步就会自然发生。没有必要刻意去激励，也没有必要在不相干的事上白费力气。就像优秀的运动员旁边站着的优秀教练一样，找到自己身上的不足之处，不断磨炼，人生就会不断进步。

大多数顺理者却往往与之相反。要么错误地以为"我已经都知道了",要么认为"我再怎么做也不行",从而低估自己。这就是著名的邓宁-克鲁格效应(Dunning-Kruger Effect),指越是大脑不聪明、知识浅薄的人,由于不知道自己不会什么,所以越会自信满满,反而是那些越有实力的人越是谦虚谨慎。我25岁之前,元认知能力一直很低,从25岁开始,虽然具备了一定程度的元认知能力,但还是不够。所以要么公司倒闭,要么生意被抢走。度过那些极度的苦难,到了30岁,随着自己元认知能力的提高,几乎不再犯错误,几乎所有的决策都是正确的。就像我的情况一样,元认知不是一个短期内可以升级的领域。

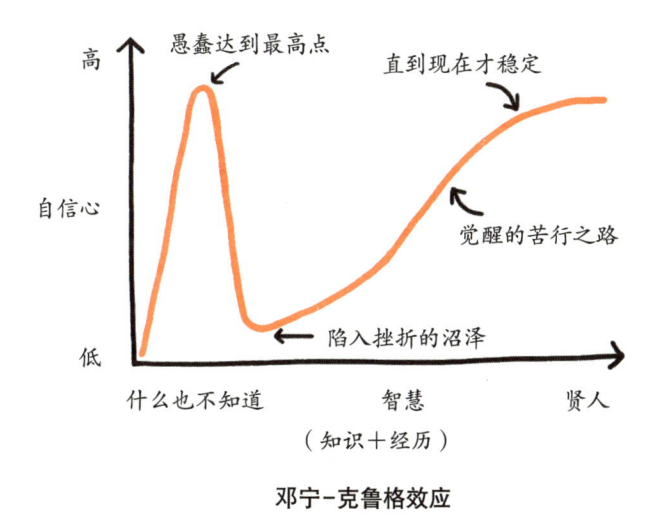

```
  高 ↑
     |    愚蠢达到最高点           直到现在才稳定
     |         ↘                        
     |        ╱╲                    _____
     |       ╱  ╲                  ╱
  自 |      ╱    ╲                ╱   ← 觉醒的苦行之路
  信 |     ╱      ╲              ╱
  心 |    ╱        ╲            ╱
     |   ╱          ╲_____╱
     |                ↑
  低 |            陷入挫折的沼泽
     |_____→
       什么也不知道      智慧            贤人
                     (知识+经历)
```

邓宁-克鲁格效应

那么，我们应该如何开发元认知呢？我也很好奇这部分内容，所以我查了很多书和资料，但里面提出的提高元认知能力的方法太模糊了。所以我想谈谈我自己的意见。为了提高元认知能力，需要从两个方面做起，那就是阅读和实践。

读到这里的人可能会说："又是读书？"所以，我会简短地讲一下。我觉得怎么强调读书的重要性都不为过。笛卡尔曾说过"读杰出的书籍，有如和过去最杰出的人物促膝交谈"这样的话。当读书的时候，你就会慢慢地变得谦虚，认识到自己的能力，你可以很快地从那源于无知的自信的顶峰上走下来。能够让你确切地明白自己知道什么，不知道什么的就是读书。自我意识过剩的人如果不读书，就会觉得自己很了不起，变得傲慢。这种人的判断大多是愚蠢的，而且终将一事无成。他们不谦虚的原因很简单，就是在其本人的想象中，"我很聪明"已经到了无限合理化的程度。

另一个提高元认知能力的方法是实践。书读得再多，还是不知道自己在这个世界上到底处于什么位置，除非实践一下。书读得多了，有时还会产生毫无根据的自信，产生了"能够知道这种程度知识的人只有我自己"的妄想。这就是读了数千本书的"假聪明"诞生的理由。读书虽然能够让知识变多，想法变深，但现实判断能力并不能马上得以提高。所以要通过实践来进行一个假设验证，看看自己的判断是否正确。

那么，如果一个人以阅读了关于流行趋势的书籍后产生的自信为基础,开始创业的话,会发生什么情况呢?一开始,感觉自己吸收了所有的知识,显得自信满满。当然,大部分都失败了。这才知道自己是多么地无知和愚蠢,此时受到打击的元认知能力才能得以提升。比如21岁刚开始读书学习的时候,我设定了一个荒唐的目标,要在所有科目成绩都是5~6等级的情况下考进首尔大学社会科学学院。因为我在几个月里读了几百本书,误以为我自己是最棒的。结果众所周知。你应该想一想,为什么有些人读了好几百本书,还那么穷呢?是因为没有经历事件和挑战,只读书是没有意义的行为,就像没有教练的指导,一个人运动一样。

我喜欢做生意不仅仅是因为钱。做生意太有趣了,因为它是能让我亲眼确认我的判断力的方法之一。我上学时期学习哲学的时候,因为做不到这点,所以经常感到郁闷。不管大家讨论得多么认真,只要对方大声地说话,展开防守机制,我就无法知道到底我是赢了还是输了,也没有裁判。

在电视上看《100分钟辩论》的时候,我们经常想问:"到底谁赢了?"心理学或哲学中没有正确答案,只是相互固执己见,打精神胜仗罢了。

但做生意不同,"通过A这个项目,用B这个营销方式的话会赚1亿韩元"。我们可以用现实结果来验证一下这个想法是否真的正确。这个结果是任何辩解都无法改变的。如果预想错了,那就成了一个自我反省的契机,"我还是有不足之处啊"。在这个过程中，元认知能力才得以提升。现实中的生意严格地判定了我的想法不是妄想。

我不是说你一定要做生意。如果你要挑战某项考试或者是如果你在目前的工作岗位上有负责的事情，你可以设定一下目标并预测一下结果。就是说，不要只是在脑子里自信满满，要制定具体的目标，然后再去实践。如果你承诺自己能百分之百地通过考试，但结果你失败了，那么你可以检查一下在准备考试的过程中哪里出了问题。如果是上班族，就把自己的目标告诉周围的人，朝着实现目标而努力。无论你是超额完成了目标还是失败了，当你的实践有了实际结果的时候，你的元认知能力都会得到提升。

忘掉书本和网络上的"提高元认知能力的办法"吧。必须在实践过程中认识到自己是多么微不足道的存在，同时训练自己的大脑。不能单纯地沉浸于书本，生活在概念里，而是要实践，如果失败了，也能准确地把握自己的位置。这才是提高元认知能力的最佳方法。

执行力水平与惯性

在没有实战经验和检验错误的情况下，再怎么读书，再怎么把头脑变聪明也没有什么意义。我曾经听说，学习英语的时候，如果把阅读、语法、听力等分开单独练习的话，是没有什么用的。我小时候也只是以词汇和阅读为主进行学习，但后来发现这是一个很不好的学习方法。最好的语言练习方法是把口语、听力、阅读等放在一起进行训练。

同样，前面我说的逆行者七步法也都要运用上。我觉得执行力也有等级。当然，有些人与生俱来拥有特别强的执行力。他们以为自己的控制装置出了问题，所以会不假思索地执行任何事情。但99%的人与之不同，你必须从执行力的第一级开始慢慢提高。正如前面多次解释的那样，由于基因和本能，人类害怕尝试不熟悉的事情，原始基因会不停地低声说："万一你做不好，你会死的。""你知道有多少失败案例吗？现在你已经过得很不错了，不是吗？"并进行着错误的操作。

我之所以如此强调执行力，是因为几乎没有人大力主张执行力。就像我前面解释"克鲁机"时所说的一样，人类就是这样进化而来的。所以，没有必要因为自己的执行力不足而感到沮丧。作为人类，这是理所当然的。特别是看到YouTube或杂志上出现的人时，没有必要气馁地说："他们都那么积极，而我在干什么呢？"那些人只是喜欢显摆而已，不是一般人。虽然他们有时看起来像小丑，非常粗俗，但他们的执行力却真的是顶级的。因为这些人已经取得了很好的成就，所以不能把他们和我进行比较。

其实我也是一个执行力很差的人，每次想干点什么，却总是一再拖延,因为我也是一个受原始基因支配的人。我总是提醒自己这是警惕基因的误指挥,然后开始执行,最终走上了人生的捷径,并在金钱、时间和成功中获得了真正的自由。

以下是我一年前在博客上写的文章,这篇文章里包含了培养执行力的方法。实际上,有很多YouTuber在看了这篇文章之后,订阅者超过了1万。

在1分钟内证明生活为什么如此简单

我会在1分钟内改变你的生活。我有这个信心。我的信念是,如果你最终找到了幸福生活的方法,钱会自然而然地随之而来。我们最需看重的就是执行力。人们总说钱很难赚,但在我看来,却很容易。在生活中让自己走在别人前面真的很容易。从现在起,按照我说的做3件事情,每件事最长只需要20分钟。如果你做到了,我敢肯定你的生活会发生很大的变化。

1. 创建一个博客,随便写一篇文章(打开计时器,精准地倒计时20分钟并开始)。
2. 创建一个YouTube,上传你手机上的任何视频(这个也要打开计时器，精准地倒计时20分钟并开始）。

3. 如果你不喜欢任务1、2的话，那就做自己最近感兴趣的事情中的任何一件吧（如进行20分钟的阅读等）。

你按照我说的做了吗？应该没有吧？这并不奇怪。100个读了这段文字的人，有99个人1件事情都不会做。你知道这意味着什么吗？即使只需要20分钟的工作，人们也不会去做。所以说，生活真的很简单。

100个人中有99个人是只有在受到金钱的诱惑，或者是受到别人的监视和惩罚的时候才去做事，因为他们只按照本能和基因的命令生活。所以，大多数人都摆脱不了平庸，只能过得贫穷、不幸。因为很少有人愿意主动做某事，所以，谁的执行力强，谁就很容易在人生这场游戏中获得财富自由，获得真正的自由。

100个人中有一个人很主动，这个人即使别人不指使也会想着去做事。如果他把这个决断和执行反复做10次、100次，就会获得惯性，人生就会变得十分简单了。一旦获得推动力，惯性就会开始反复地执行，就像你早上起床去洗脸、洗头一样，执行本身就是一种习惯。

试着执行我刚才说的三点，也许一年之内，你的生活不会发生巨大的变化。但是，如果没有第一次让车轮转动的最起码的执行力，你的一生只能是原地踏步。万事开头难，因为99%的人都连这一点都不想执行,所以只要你能做到这一点,你就迈出了最艰难的第一步,你就获得了前1%的推动力。

好了,你现在怎么样了?我想,因为这段文字,100个人中可能有3～4人会有所行动。但大多数看过这段文字的人可能还是会很敷衍地浏览着:"没有什么可以获得财富自由的方法""以后再说吧""我不行"。你的自我意识会阻碍你吸收新思想。

"我周围也有很多人做过博客和YouTube,但他们还是很穷啊。"
"现在马上做有点困难……明天再说吧。"
"他是不是个骗子啊?我无法相信他到底是不是一个真正的有钱人,所以我是不会做的。"

不要再这样让你的想法合理化了,你想就一直这样被本能所控制吗?试着做一下吧。那些感谢我、想要报答我的人,他们的共同点很简单,那就是我让他们做什么,他们就会毫无怨言地按照我要求的去做。只是做一件不到20分钟就能完成的事情,有必要说那么多话吗?如果你现在没有实力的话,就应该闭上嘴,需要养成无条件地"执行"的习惯。你也想获得财富自由吧？那么今天不管发生什么事，按照我前面在博客文章中所说的，选那三个任务中的一个试试吧。因为执行的人和不执行的人将会走上完全不同的道路。

第七章

逆行者第六步——
获得财富自由的具体方法

> 其实,工作只不过是人生这个长期问题中的一个短期解决方案。
>
> ——罗伯特·清崎,《富爸爸,穷爸爸》

好了,接下来轮到赚钱了。如果没有前面所说的基本功,就算是告诉你赚钱的方法论也没有用。因为你可能受到自我意识的干扰,也有可能是掌握知识的智商不够,还有一种可能是被警惕基因的误指挥所操纵,导致你在概率博弈中反复失败。现在,如果说你已经具备了所有的"基本肌肉",就应该进入"实战"阶段了。即使你头脑再好,智商再高,但如果不懂"技术"的话,你通往自由的时间也只能被不断延迟。

这时你可能会说:"那到底什么时候告诉我赚钱的方法呢?""能不能直接教给我?"在我看来,这样的问题有点像一个没有任何肌肉力量的人说"今天教我举起100千克"一样。但我打算在本章中告诉你方法,向你提出具体的获得财富自由的方案。不管你是大企业高管,还是没有文凭的工人,或者是无业游民都无关紧要。我将考虑好所有情况,给你提供"通向财富自由的科技树[1]"。

罗纳尔多、梅西等顶级足球运动员从小就拥有一流的天赋,但他们全盛期绽放的时间并不是"开始踢球后的第一年",而是"开始踢球后的15年左右"。想要像他们那样踢好足球,方法如下。

1. 巩固基本肌肉力量。
2. 把足球技术分为15种,每天练习。
3. 在实际踢足球比赛的过程中,确认自己的训练方法是否正确(执行)。在反复失败的比赛中,确认自己的局限性(元认知)。
4. 回到第一条,把这些要求重复几年,实力就会持续提高。

获得财富自由的过程也与上述无异。如果有人说"我想不做任何练习就直接成为足球运动员",你会相信吗?没有肌肉力量的增长,没有练习,突然踢好足球的概率是零。赚钱也是如此。无须任何努力就能成为足球运动员的方法只有一个,那就是篡改"记录"。而在金钱的世界里,想要突然一下子就赚

---

[1] 科技树(Technology Tree),是指在游戏领域中,用图像呈现的玩家升级方向的可选项。由于图像通常以树状结构来呈现,因此而得名。

到钱的方法只有"诈骗"。

本章中我会讲述获得财富自由的公式,我想告诉你我在创业和投资等方面的体会,给出一条无论处于何种处境都值得一试的人生运算法。人们问了我无数次这个问题,我想趁此机会整理一下,并计划在最后告诉大家具体的赚钱项目。

赚钱的根本原理

赚钱看起来很复杂、很困难,但其根本原理其实很简单。所有赚钱的活动大都集中在下面两种,如果无视这个原则却想赚钱,你要么成为一个骗子,要么一事无成。

- 让对方舒服。
- 让对方幸福。

怎么样?是不是太过简单了?终于说出这个赚钱的根本原理,是不是感觉太虚了?不。这两点就是创业和投资的开始,也是创业和投资的结束,忘记这个根本,创业和投资都无法长久维持。无视这个原则却想赚钱的人,只能做下面的事情。

○ 通过股票战略操纵股价。通过引诱对暴涨股感兴趣的一般股民，套取数十亿韩元的利益。从表面上看，他们是赚了钱，但他们是靠什么原理赚的钱呢？他们让人们感觉到舒服了吗？让人幸福了吗？不，没有。他们反而让对方陷入不幸，没有给对方有价值的东西，只是骗了对方。所以，这种行为是犯罪。电信诈骗等也是如此。

○ 虽然构不成犯罪，却生产一些毫无用处的产品。有个生产洗发水的小公司的老板，欠下10亿韩元的债务。由于公司运营过程中疏于产品开发，结果欠了一屁股债，心急之下，就去做虚假广告，宣传一些没有得到验证的虚假效果。被市场营销欺骗而购买该洗发水的消费者感到失望，不再购买，买了的人自认丢了钱，对产品也极其失望，还增加了垃圾处理的费用。也就是说，它没有给顾客和这个世界带来任何好处，这样的企业终究是要倒闭的。看SNS广告人们会发现，这种奇怪的商家出乎意料地多。那些以"教人赚钱的方法"为噱头举办的没有任何意义的讲座，其实也是如此。虽然没有达到犯罪的程度，但不能给人带来承诺过的价值，所以最终还是会走向灭亡。

归根结底，赚钱的关键在于"解决问题的能力"。你必须弄清楚人们对什么东西会产生不适感，对什么东西会产生幸福感，然后想出如何解决这种不适感，提供幸福感的方法，制定出真正的解决方案就可以了。这样，钱也就赚到了。当然，说起来虽然容易，但那不是一件容易的事。逆行者七步法也算是一种提升问题解决能力的方法。

问题解决能力提高了，就能解决困扰人们的各种问题。再加上好的创意，提高效率，就能创造出规模经济。如果这个由你独自完成，每月便可获得1000万韩元的被动收入。如果你能把更大的多个问题聚集在一起，那就能成立公司和企业。无论哪种情况，"帮别人解决问题"是做生意的本质，也是利润的来源。那么，具体有哪些例子呢？

让对方舒服的事情，可以像下面这样考虑一下。

1.人们每次做饭的时候都会感觉很麻烦，并且还担心剩饭坏了，所以用速食饭来解决这个问题的公司赚了大钱。

2.有些人觉得把衬衫寄存在干洗店，或者每次洗衣服后整理衣服是件麻烦事，和别人面对面交流也是一种负担。所以最近那些将放在门外的衣物收走，洗涤，叠好后送货上门的"非面对面"服务大受欢迎。

3.有些人的家具经常是通过快递寄来的，虽然里面会附送自行组装的说明书，但组装起来既麻烦又困难，特别是在独居的情况下，大型家具很难组装。于是，上门提供组装家具的服务可以赚到钱。

为了让对方幸福，人们在做这样的事情。

1. 艺人通过用自己的外表和才能使人们感到幸福，以此来赚钱。
2. 策划搞笑的视频，上传到YouTube上，也能赚到钱。
3. Nexon[1]通过向全国人民提供有趣的新游戏而赚了钱。
4. Netflix[2]通过向全世界人民提供有趣的电视剧而赚了钱。

看着这些例子，我们往往会自动产生"我做不到"的想法。例子，顾名思义只是一个例子而已。反正如果重复践行逆行者七步法，其他的创意性想法必然会自动浮现。下面我将介绍一些赚钱的方法，希望对那些苦恼于没有创意性想法的人能有所帮助。

我赚钱的方法1

考虑到有很多人因离异而苦恼，我就为他们提供了免费专栏，将10年间咨询的1万个案例进行理论化总结并分享给他们，然后安排经过多年培训的咨询师来解决他们的恋爱问题。客户已经因为这个问题有好几个月的时间感觉自己很不幸，或者担心会失去心爱的人。我们通过某些方法让他们重新在一

---

1 Nexon，乐线股份有限公司，韩国电脑游戏运营公司。——编者注
2 Netflix，美国奈飞公司，是美国一家会员订阅制的流媒体播放平台。

起,或者帮他们分析分手的原因,来大幅减少他们的痛苦(通常,分手的痛苦是不明原因造成的),或者是让他们的恋爱智力快速升级。最终,顾客会找回幸福,我也能赚到钱。

我赚钱的方法 2

有一些专业人士或企业家因营销而发愁,他们希望自己高质量的服务能够被大家了解,却苦于不知道该如何去做,而且还有过被骗了却没有获得营销效果的经历。自青的"奇异的营销"公司就是通过使用该领域特有的营销技巧,让你付出500万韩元就能赚到1500万韩元以上。因此,97%的专业人士和企业家都会再次续约。通过消除这些专业人士和企业家的不便,引发广告效应,自青公司在专业营销领域成为韩国企业第一名。

我赚钱的方法 3

通过建立并分享我的逆行者七步法,帮助那些命运顺理者纠正人生中的误指挥,系统地提升他们的能力,减少走无谓的弯路,并为他们指明方向,缩短通向财富自由的时间。这样做的附加价值注定会在日后以某种方式还给我。使人舒服,使人幸福,如果你馈赠他人这两件事,钱必定会随之而来。

我赚钱的方法4

我通过YouTube自青频道分享了"我如何获得财富自由"的技巧。在推荐书籍的同时,我还向人们传达了"不读书,生活就不会改变"的信息。我建立YouTube频道不是为了赚钱,而是想向人们传达"最底层生活也可以改变"。据估计,此后全韩国有5万多人养成了读书的习惯。得益于此,从YouTube退出后,我主持的101课堂《无资本创业讲座》销售额超过35亿韩元。

我赚钱的方法5

住在江南区的人想去书吧看书,但是江南区的地皮太过昂贵,而且能感受大自然的地方不多。我经营的欲望书吧咖啡厅位于江南市中心一处非常安静的小山上,风景绝妙。坐在屋顶平台上,你可以一边沐浴阳光一边看书。自青的书吧通过空间带给人们舒适感和幸福感。

说到这里,有人会问:"我既没有专业知识,也没有资本,怎么办?"我已经把没有任何专业知识和无资本创业的方法写进了"附录"。从现在开始,我想讲一些更现实的关于创业和投资的故事。

攻下财富自由这座城堡的方法

人类从一出生就被人际关系、家庭、爱情、金钱、时间等众多事物束缚着自由,而一次性能解决或急剧减少这种制约的就是"钱"。钱不能解决一切,但事实上也几乎能解决一切。或者说,即使不能立即解决,也可以迅速减少解决问题所需要的时间。因此,谁都梦想着"财富自由"。只有攻下财富自由这座城堡,才拥有了平定自由天下的关键。

攻下财富自由之城的士兵

财富自由这座城堡驻扎着10万士兵。假设作为攻城"士兵"的你,为了占据这座城堡,每小时可以干掉1名士兵,如果全年365天不休息，你就可以干掉8760人左右，10年就可以干掉87 600人。也就是说，直到死，你也没有攻下这座城堡的可能性。

另外，如果我们按小时赚钱，也有人会赚得比较多，可以称之为"将军"，比如像医生、律师、高薪讲师等高收入的专职人员或大企业的高管等。他们力量强大，可能每小时会干掉5~10人。他们与士兵相比优势很大，但也有缺点。就是自己在睡觉的时候，没有人替他攻城拔寨，所以即使将军要攻下财富自由这座城堡，仍然需要很长时间，而且在战斗的过程中也不存在什么自由。

最后，还有一些人，他们不是单纯地获得每小时的收益，他们手下还拥有大量的士兵。那他们就是"部队指挥者"。部队指挥者可以指挥大量的士兵，即使在他们睡觉的时间，士兵们也会按照指示出去战斗，攻下"财富自由这座城堡"。这里的士兵不仅仅是指员工。一个房东在他去旅行的时候，房价也会自动上涨，从而赚得盆满钵满。一位作家即使去了一趟海外，归来后也照样能赚钱。像这样拥有"为攻下城堡而决心战斗的士兵"的人被称为部队指挥者。企业老板、图书作者、YouTuber、在线课程销售者、股票投资者、房地产投资者、房东等，他们不是通过按小时计酬来直接赚钱，而是通过其他手段来间接赚钱。也许你会说就算是小店的老板，也是在完全奉献了自己的时间去赚钱呢。那是因为他不是部队指挥者，而是一个将军或士兵。

我们要达到财富自由,就必须先从士兵的身份中摆脱出来,不妨先做一个将军。因为士兵靠每小时的劳动赚钱是有限的,而如果是个将军,进一步就可以成为一个部队指挥者,这样就算是我在睡觉的时候,我的士兵们也会上阵杀敌。如果你买了房产,如果你在销售在线课程,如果你在炒股,即使在你不注意的时间里,你的士兵们也会为你战斗并产生盈利。这样的部队拥有得越多,就越能快速地攻下财富自由这座城堡。如果你能把生意系统化,如果你能把一个好的创意变成现实,这样的部队就会像滚雪球一样越滚越大,即使你不工作,你也会赚钱。对于投资者来说,"以钱生钱"的结构就已经完成了。

说到这些,你可能会说:"这不是只有在那些从好大学毕业,在好公司工作的聪明人身上才会发生的事情吗?"如果是10年前,我也会认为这是发生在另一个世界的故事。但是这没有什么好气馁的,我希望你能想起我的身份认同理论。在我们身边,有很多从基层士兵做起一直成长为部队指挥者的人。曾经干过临时工的他(YouTuber冷哲),在地方工厂里吃住过的少女(Kelly崔),到了30岁还在夜间舞台上做过乐队的他(宋事务长),这3个人是如何改变的呢?截至目前,他们都已成为数百亿韩元的大资本家。另外,还有作为一个地方大学出身的无业游民,36岁之前温饱问题都难以解决的人,3年之内就成立了自己的部队,据估计可能每月能挣1亿韩元(YouTuber金作家)。那么,他们这些YouTuber的士兵是谁呢?是负责给他们拍摄和剪辑视频的工作人员吗?这有可能。但在我看来,他们上传的1000多个视频都是他们的士兵。正因为这1000多个视频在持续为他们战斗,所以即使YouTuber在睡觉或者去旅行,也能给订阅者们解决问题,给他们带来幸福感。给订阅者们提供他们想要的东西,成功获得他们的关注和点击。

这时又会有人这样说:"那些人都是超巅峰人气YouTuber啊,他们拥有制作好内容的特殊才能。"那么让我们来看看我的好朋友兼订阅者、跟我同岁的郑承浩吧。这位朋友在公司工作了7年,把赚的所有钱都花光了,后来因为某种契机学习了投资,并用2年时间攒下了起步资金。本想用这个起步资金购买房地产,但钱不够,因此他就在破旧却适合居住的地方建了一个无人学习咖啡厅。这个无人学习咖啡厅大获成功,仅两年里就增加到13家,目前每月收益超过1亿韩元。这样的事例比比皆是。在平凡的工作岗位上,通过投资房地产实现财富自由的人数不胜数。YouTuber读懂房地产的男人(부동산읽어주는남자)、你我为[1](너나위)、认识的前辈(아는선배)、Rem君(렘군 역시)等都是一边上班一边投资房地产的成功案例。这些人将"房地产士兵"一个个聚集在一起,最终使自己成为数

---

[1] 名字的意思是为了你和我。

十亿韩元的资产家。

我也有很多个部队,因为经营着多种多样的生意,所以我的士兵可以说也是多种多样的。

1. 我的"奇异的营销"和"Atrasan"各产生1亿韩元的净收入。
2. 我在"101课堂"的《无资本创业》课程已经制作了2年,但仅上个月就产生了1亿韩元的纯收入。
3. 我有6本PDF书在Pudufu电子书平台上销售,每月净收入6000万韩元。
4. 我有30多亿韩元的股票,每年收益率至少达到20%。
5. 除此之外,我还有房地产、欲望书吧咖啡厅和威士忌酒吧,另外还持有多个企业的股权等,这些都会产生被动收入。

这本书也将成为我的士兵之一,如果它成为畅销书,就会在我睡觉的时候也为我工作。书本身的收益可能不是很大,但它会为我所开展的事业带来好名声。

我不是让你突然一下子就成为月收入数千万韩元的将军,或者部队指挥者。哪怕每月30万韩元、100万韩元,或者只有5万韩元也可以。制造这些小的士兵,让它们加入攻下财富自由的战斗中去。

不管你是上班族还是无业游民，是19岁还是50岁

为了攻下财富自由的城堡，必须利用士兵这一工具。那么用士兵这个工具攻城的战略又是什么呢？主要有两种。无论你是从职场生活开始，还是从临时工开始，通向财富自由的战略最终都可以归结为两种。

第一种是创业，第二种是投资。不管你是上班族还是无业游民，从这里出发的人，最终是注定要往这两个方向走。你不用"胆怯"，只是听起来很难而已，此刻你只管往下继续读就行。即使现在你没有信心，有些反感也没有关系。只要你铭记在心，你就会逐渐改变。

我在那段时间里曾经仔细调查了那些获得财富自由的人（不包括那些尽管赚了很多钱却没有时间自由的人）。那些获得自由的人，他们的起步虽然各有不同，但有一个共同点就是他们都开始了投资。这本书的读者中可能也有50岁以上的人，所以我要谈谈我的母亲。我母亲直到50岁，都没有学习过什么专业知识，她毕业于商业高中[1]，没有上过大学。她一生辗转于保险业务、贷款业务和在超市里打工。后来她认为待在除了债务一无所有的家里不会有什么出路，于是就开始学习注册中

---

[1] 商业高级中等学校（Commercial High School），简称商业高中，是指韩国教授商业、经济、经营相关领域实务所需的基础知识和技能、技术的高中。

介师。那时候她已经48岁。拿到房产中介资格证后（分数线是60分，她正好考了60分），她开始积极投资。结果怎么样呢？短短10年时间就赚了数10亿韩元。作为50岁之前一直身无分文的负债人，通过投资在10年内成了拥有数10亿韩元的拥有者。我母亲不是天生的头脑好，如果真的头脑好，怎么可能一直到48岁时还背了一身债？只是偶然的机会，她开始从事房地产中介行业，并开始投资，结果这个方法很不错。

如果你读到这里，你就会注意到，投资是一个能率领无数士兵的好办法。前面所说的房地产YouTuber虽然都是上班族，但是他们以1000~5000万韩元开始投资房地产，最终成了拥有数10亿韩元的资产家。房地产投资是用花钱买到的东西再来赚钱的方式，来攻下财富自由这座城堡的。

包括我在内的20~30岁实现财富自由的人都在做生意。做生意也是一种招募士兵的好方法。例如，你经营一家烤肉店，只要系统完善，即使你本人不在，也会有战斗的士兵。你只要在营销、人事管理等方面花些心思，让它能正常运转的话，完全可以再多经营3~4家不同的店铺。做生意和投资不同，消费者花钱买的不是房地产或股票，而是人或者技术等。做生意更直接地向人们提供产品或服务，帮他们解决问题，给他们满足感（"投资"就是给"生意"投钱）。做生意让我更积极地思考创意，开发产品和服务，经营公司，非常有趣。另外，如果你选了一个好的中层管理人员，这个士兵就成了一名将军，可以训练其他士兵。如果你选对了项目，及时销售给合适的客户，就能产生超过投资的大杠杆效应，这也是做生意的乐趣所在。如果你本人有很多想法，并对制造各种产品或将服务推向市场有兴趣的话，最好是在做生意这方面多构想一下。

好了，现在你的自我意识又会这样说了：

"我是兼职送外卖的，该怎么办？没有可以投资的钱啊……"

"我是上班族，怎么办？想要筹集创业资金的话，需要的时间太长了。"

"我是个体户，一天赚的不够一天花的，却忙得要命。"

是啊，大家都说没有资本，没有时间，但是前面说的那些在恶劣条件下成功的人，他们的条件就一定比你强吗？就算条件都一样吧。那只是因为你的潜意识没有发生变化，只是因为你还没有开始训练你的大脑。无论你是上班族还是无业游民，无论你是19岁还是50岁，我认为最好就是用下面介绍的方法去准备投资和创业。

财富自由的五种学习方法

我曾经问过数10位年纪轻轻就白手起家的富豪,试图寻找一个"共同公式"。最后,我把这些方法汇集成了5种,并且发现,当你采用了这种方法论的时候,你就可以达到财富自由。例如,如果你想打好网球,只有用正确的方法坚持练习。同样,达到财富自由的道路,也必须用"正确的方法"进行"长时间的练习"。一般人不知道正确的方法,认为赚钱是不可能通过练习来完成的,所以梦想通过彩票或者一掷千金之类的极端性投资来实现。那种方法绝对逃不出顺理者的生活。从现在开始,我将为大家介绍几十位成为逆行者的白手起家的富豪身上的5大共同点。

1. 身份认同的变化

作为房地产投资者,《工薪阶层退休变富人》的作者"你我为"是否定财富自由的代表人物。据说,他在大企业工作了9年,攒下3000万韩元的"你我为"每次在书店走过理财书专栏的时候,都会将其视为"失败者才看的书""投机者们的故事"。但是有一天他看到上司被解雇的样子,受到很大的打击。他本人也因为害怕随时会被解雇,所以开始读平时自己不喜欢的与房地产投资相关的书籍,并以此为契机彻底改变了自己的想法。所以他一边上班,一边小额投资房地产,3年后,他的净资产就达到了20亿韩元。

"你我为"的故事表明了身份转变是非常必要的。如果你想赚钱,那么就必须经历和"你我为"一样的生存危机,为了体验这种经历,你必须先走出去,你得开始做点什么。如果你安于现状,就不会面临生存危机。你应该有意识地做点事情,尝试一下副业,或者是参加聚会,确认一下自己有多么渺小,让自己经历那种"人生,真的好烦"的情绪。如果你已经实现了财富自由,那么你就没有必要这样做。但如果在现实生活中你还没有实现自由,就需要有意识地尝试做出这种身份变化。

另外,"你我为"的例子也很好地说明了消极的自我意识能在多大程度上阻碍一个人的可能性。几年前,当你说对金钱或对财富积累感兴趣时,人们会用奇怪的眼光看你。即使是现在,比起"赚钱",人们还是喜欢用"财富自由"这个委婉的说法。这就是为什么我一直强调逆行者七步法。并不是说"你我为"知道并实践了我的这个模式,而是说我创造的所谓逆行者七步法,是从这么多白手起家的富豪身上提炼出的共同点,并用我的经验进行了验证。

2. 20本法则

我以前一直以为只有那些有钱人才能做生意。后来,我看了电影《社交网络》,意识到没有资本也可以创业。那正是我和智韩准备创业的时候,我做的第一件事就是找了20本营销书开始读。当时我认为像我这样既没有钱也没有经验的人，只有读书才是准备创业的最好方法。我把那些书堆在那里，读了又读，后来有了很多启发。无论是对网络营销还是对无意识营销，我都有了充分的理解，还知道了如何在网上做生意。我将获得的所有知识都应用到了我们的新事业上，很快，复合咨询生意就火了起来。

如果你同时在读20本书，会发生什么事呢？你会满脑子充斥着这些内容，就像是拿着锤子的人看到的所有东西都是钉子一样。只要你看上20本营销书，世界上所有的东西都能成为营销案例。你的大脑会自动地向那边倾斜，身份也开始改变。

如果你要开咖啡厅，那就买20本关于咖啡厅的书来读吧。我很自信地说，几乎所有的咖啡厅的老板都不读任何书，只是凭自己的直觉或头脑来开咖啡厅。靠着这种过度的自我意识，以为一切都会按照自己的想法发展。结果如何呢？大多数都会失败，当然也有一些会偶然成功，但长期来看，最终都会失败。但读过几本如宇野隆史写的《会切西红柿，就能做餐饮》之类书的咖啡厅老板，就会在那附近的咖啡厅中排进前两名。所以说"读书没啥用，反正我只会按照我自己的想法来做"，这样的想法是多么傲慢啊！这是多么过度的自我意识啊。就这样被本能和基因所操控，最终只能走向失败（当然，天生聪明的人，即使不读书也能成功）。如果你想做什么，就拿出10本相关领域的书读一下，这样你失败的可能性就会明显减小。

3. 观看YouTube视频

与看书相比,看视频无论是在训练大脑方面还是在学习方面,效率都低很多。但其优点是用脑少。如果对读书和写作感到厌倦,你也可以看一些有关投资或创业的YouTube视频。既然要看YouTube视频,那么你最好看一些不同领域的访谈,比如创业、企业管理、房地产投资或拍卖、股票投资等。看的同时,每天至少做3个笔记,并且看完后最好在你的博客里整理出你的心得体会、感悟、内容摘要等。

但是在看YouTube频道的时候,我们经常会发现一些写着"骗子"之类的留言,这些大多数都是出于嫉妒而写下的浑话。如果一个YouTuber足够好,被YouTube算法推荐给初学者,那么在投资和商业方面,他们的水平可能比你高很多。有值得学习的东西就学一下吧,别瞎找碴儿,尤其是在学习的初级阶段,最好暂时收起你的那些批判意识,尽可能多地接受信息。当然,在我看来,YouTube上也有很多骗子,也有很多被称为"毫无内容"的讲座销售者。但就算是他们,也有值得我们学习的地方。如果你现在月收入在1000万韩元以下,希望你不要挑挑拣拣,接受所有信息吧。在我20岁的冬天,那时我已经读了200多本书,以我现在的标准来看,其中有95%的书没有达到标准。但是那些书的作者的水平远远超出了我当时的水平。即使是最愚蠢的作者,出版一本书也需要相当的自信心、执行力以及素材。也就是说至少他们的等级比你高。所以无论是

YouTube、书籍还是讲座都是如此,只要比你现在的水平高,你就能学到东西。我希望你不要找借口去拒绝学该学的东西。

4. 通过写作去准备超思考

正如"22战略"所说,写作是提升大脑,增强逻辑性和创造力的最佳方法。在20本书中读到的,或在YouTube上看到的、听到的内容要整理到你的博客上。我现在给你一个简单的任务,在博客上以"实现财富自由的5种学习方法"为题,写一下自己的想法。你不妨简单整理总结一下。如果你只用眼睛看了一遍,就会因为记不清的部分而重新翻阅这本书,虽然你可能没有意识到,但这部分就是你只用眼睛读而没能记在你脑海中的那部分。如果你学了某些东西之后立马把它写下来,就会碰到那些被跳过的部分、没能理解透的部分,这样你自然而然地就会把这些部分补上去。如果再要你把自己的想法也写出来的话,你自然就会去反复琢磨所学的东西。这就是我们所有的学习都强调复习的原因。

我主要在博客上写文章,但即使不在博客,在你自己能够经常重新找出来看一遍的网络媒体上写也行。因为如果你能够重新看自己以前写的文章的话,就自然而然地进行了复习,这样重复做几次的话,就会完全转化成长期记忆,这才是属于你自己的东西。知识只有完全属于我,才能随时想起来,并与其他知识结合和应用。写作是实现训练大脑的最佳方式,这是拥有逆行者思维的唯一捷径。

- 在博客上写一篇主题为"实现财富自由的5种学习方法"的文章。
- 睡觉前打开10分钟计时器,把今天的想法整理成文字。

5. 超越线上到线下学习

到目前为止,我所说的读书、看YouTube视频、写作都是属于一个人的战斗。现在轮到逆向利用警惕基因的误指挥了,你需要超越免费在线教学,进入付费在线教学。

当你为网课结账的时候,总是会产生成本,"我是一个把钱花在投资或者商业课程上的人"的身份认同感就会油然而生。你会下意识地想到生意和投资,并在不知不觉间,对此的关注度就会提高,去看相关视频,寻找资料。这就是在训练大脑,这和通过课程获得具体信息是同样重要的。这就是为什么在学习任何东西的时候都要花点钱。如果你手头宽裕,我建议你投资50万韩元左右。每当找到这样的课程时,我也会不由自主地产生"花钱去学习赚钱有点可惜"的想法。我作为史上靠创业课程赢利最多的人之一,都会有这样的想法,更何况其他人呢?每当这种时候,我都会说:"20多万韩元的投资可能会带来数千万韩元的收益,所以就把赌注押在期望值上吧。"我经常抱着"做概率博弈"的想法去结账。

线下讲座你也要去听一下。线下听课有可能需要空出半天时间，但这是值得的。当你去听课的时候，你会和那些跟你一样感兴趣的人，还有一个讲课的人进入一个空间。此时发动的基因误指挥对我们有利（前述的"身份塑造"和"克鲁机反利用"）。

大脑会自动认为我所在的群体所遵循的思想是有价值的。你仅仅听一次线下拍卖课，就会产生"我是去听拍卖课的人"的身份认同。而且在这个群体里，你会把拍卖做得好的人奉为最敬佩的人，出于本能，对拍卖会的关注和评价自然而然地得到提高。读一本拍卖书会让你的潜意识略有变化，但当你被集体无意识操控时，改变就容易多了。另外，一起听课的人互相交换信息或积累人脉，就会出现成功的人。听到"那个人因为××成功了""听说那个人干××赚了多少多少"之类的声音也会对自己有很大的刺激。所以，与线上相比，线下课程会让你的注意力更集中，学习能力也更强，这是一大优势。这也就是为什么在线上课程占主导的今天，还有很多人在听线下课程。他们都不傻。

如前所述，改变你的身份认同或者最初的执行很重要。今天就报一个在线课程和一个线下课程吧。第一次尝试和挑战通常是很难的，所以希望你务必执行以下内容。

- 在线课程：像101课堂、Taling、Life Hacking School、CLASSU等，真的有很多网站。你可以逛一逛，感受一下

"原来有这些空间"。

○ 线下授课：我过去用的是On-off-Mix。大约5年前，我在这里听过"创建营销代理公司""宣传Instagram"等课程。新型冠状病毒感染疫情一度导致这个市场几近灭亡，但到了2022年，这个市场已经逐渐复苏。如果你已经听过线上课程的话，不妨也参加一下线下课程。

年轻富豪是如何学习的

在总结了5种学习方法后，我把电话拨给了30多位30岁左右获得财富自由的朋友，并仔细分析了出现在各大媒体上的人们实现财富自由的过程。他们属于以下3类，没有例外。

1. 天生良好的基因和环境

有一群人天生聪明，他们的头脑和执行力是常人所不能及的，因此一段时间之后他们就能达到财富自由。可以说，他们是逆行者七步法中天生就具备财富自由条件的案例。另外还有人是属于天生环境好。这些人出身于江南八学群[1]或者考进了好的大学，很早就和优秀的朋友一起开始创业或投资。他们本人

---

[1] 韩国首尔江南区为韩国的教育中心地，与瑞草区构成"江南八学群"，是韩国最好的学区。

即使不是很聪明,也能从小就学到赚钱的方法,有机会很自然地参与讨论,或者接触到一些成功案例,这是一种很幸福的情况。假如《百万富翁快车道》《每周工作4小时》《富爸爸,穷爸爸》这些书的作者有孩子的话,那么他们的这些孩子就生活在这样一个不得不去不断学习或关注金钱的环境中。但是像这样的环境和基因是非常罕见的。最重要的是,这是个人无法选择的领域,所以大部分人都不属于这种情况。

2. 周末研讨会型

如果一个人只知道读自我启发书,是不会有什么发展的,你必须尝试着做你读过的和学到的东西,然后去经历一个试行并检验的过程。学到的东西与实践的东西要形成良性循环,如果不能有所反馈,一不小心就会停留在浮想联翩的状态。

我曾经对月收入4000万韩元以上的女性朋友们进行过简单的采访,她们都有一个共同点,那就是利用周末。虽然她们有着理疗师、半永久化妆讲师、23岁无学历职场妈妈等多种背景,但在时间管理方面有着共同点。她们平日里忠实于本职工作,周末去听理财课。不是一两个月,而是一年以上一直不间断。如前所述,如果你在听线下课程的过程中不断接触兴趣相近的人,这样坚持一年以上,那么你的身份认同就会完全改变。有些人当听到为了达到财富自由,必须365天24小时都在思考做点什么的时候会感到害怕。但正如上面的案例中所讲的一样，你只要利用好周末就足够了。如果你能通过周末研讨会把大脑进行转化的话，那么即使你平日里在做本职工作的时候，也会继续思考创业和投资。从时间管理的角度来说，这是一种相当现实的方法。

此外，我还有个非常宝贵的技能，我称它为"周日2小时战略"。当我想进步的时候，我会在周日下午1点吃完午饭之后，利用2个小时的时间做我不想做的事情。周六确实是应该用来玩的，但周日下午1点到3点是一段既适度舒适又有点模棱两可的时间。这时，我会尝试做一些平日里做起来有压力的新挑战。比如，2019年正是我的"奇异的营销"公司最忙的时候，尽管如此，我还是想挑战YouTube。但是我根本不敢在平日里开始，所以就下定决心"星期天在YouTube上花2个小时"。到了周日，我会准确地定时，然后花2个小时在YouTube制作上。30分钟拍摄准备，30分钟写剧本，30分钟拍摄，30分钟整理视频文件并发送给编辑，2个小时完成了该做的全部工作。正好花了2个小时。如前所述，新的尝试会因为警惕基因的误指挥而受到持续的干扰。但是把"逆行者的行为"作为"周日2小时战略"来实施，结果我获得了几十亿韩元以上的附加价值。虽然之后我也在想，为什么不早点开始，白白耽误了时间，但真想做的事情以"周日2小时战略"来执行也挺好的。每周花费2小时，数年过后，与顺理者之间产生了天壤之别的差距。

3. 读书型

他们无论是上班，还是经营自己的事业，抑或上着大学，都从来没有停止过读书。炒股的会阅读与股票相关的书籍；房地产投资的则会阅读与房地产相关的书籍；想做生意的就研读与市场营销和管理等相关领域的书籍。

关于读书的重要性，我前面已经说过很多次了，这里就不多说了。有趣的是，很多人在上学的时候没怎么读过书。我其实也是这样，但是有很多原本远离书籍的人，因为对钱产生了兴趣，后来又开始读书。这时读书就不是全部靠背诵的方式了。你要摆脱必须精读的强迫症，把那些难懂的部分直接跳过。有时候我也只读一本书的三分之一。一开始的内容可能比较难，但如果自己在该领域的内功提高了，以后再读就能理解了。一开始读不明白其实是很正常的。例如，如果刚开始学习化学，我会选择《用漫画阅读化学》或《青少年化学故事》这样的书。如果你是第一次接触某领域，我建议你从那些简单的书开始读，逐渐增加难度。

获得财富自由的人中无一例外地都属于上述3种类型。天生良好的基因和环境、周末研讨会型、读书型，在这3种类型中，你只能选择其中两者。

设计走向财富自由的方法

让我们简单地看一下每个人从各自的处境走向财富自由的人生路线。也就是说,看看你自己现在处在人生路线的什么点上,想一想该如何从这里开始走向财富自由,然后找出其中的方法。由于每个人所处的现实情况千差万别,我在这里只谈核心路线。也希望你不要只集中在自己目前的情况上,了解一下所有情况下采取的不同方法。

每个人都可以在以下 4 种群体中找到自己的归属。

1. 上班族群体:大企业职员、中小企业职员、公务员等。
2. 无资历群体:临时工、职业中断过的求职者、无业游民等。
3. 专业人士群体:医生、律师、设计师、营销员、房地产经纪人、心理咨询师、空调清洁师等。
4. 企业家群体:个体户、无资本创业者、有资本创业者等。

由于这 4 种群体所处的现实情况不同,可供选择的方法也各不相同。下面将讲述在每种情况下我认为的最佳路线。

1. 上班族群体

a. 在大企业工作

如果你在大企业工作，实际上很难走以下路线。

就业 → 大企业 → 创业 → 投资

当然也有在大企业工作，然后创业并获得成功的情况。但那都是极个别的。因为即使最近工作生活平衡[1]已经变得很好，在大企业工作的同时要做另外一份工作也是非常困难的事情。另外，因为违反了禁止兼职的条款，有可能会受到单位的处罚，最重要的是，现实中根本没有时间那样做。因此，如果你在一家大公司上班，标准的科技树是这样的。

就业 → 大企业 → 投资 → 创业

我的朋友承浩是在大企业上班的上班族，当了8年程序员，月均工资400万韩元。前三年，赚的钱基本上都花了，28岁的时候攒了点起步资金，却因为炒股而赔了个精光。直到30岁他才突然想到要为未来做点准备，于是开始存钱。

---

[1] 워라밸（工作生活平衡）：由"work"（工作）、"life"（个人生活）和"balance"（平衡）的首音节组合而成的合成词，指追求工作和生活平衡的计划。

他每月只花150万韩元，2年期间每月存250万韩元，共攒了6000万韩元。他认为投资才是硬道理，于是开始学习拍卖。刚开始因为起步资金较少，买不到什么好东西，只能拍下了有20多年历史的位于仁川的一栋住宅。因为没有钱，粉刷和墙纸等都是从上网学了，自己动手做。他把这样装修好的房子加了1000万韩元卖了。住宅不同于公寓，公寓有一定的市价，但住宅则根据建筑物和房间的状态不同，价格差异很大。所以，他虽然在公司上班，但到了周末就去看房子。通过这种方式，反复做了几笔交易，他又攒了1亿韩元。从此他开始听有关房地产的课程。于是他又通过拍卖买了两套房，然后又卖出。原来价值1.6亿韩元、1.45亿韩元的公寓，随着时间的流逝，分别涨到了2.5亿韩元、2亿韩元。随着资本的积累，承浩想到了商铺投资。他通过努力学习，开始有了识别商铺的眼光，积累了分析商圈的能力。但差不多的商铺大都在7亿韩元左右，而他想买的商铺在10亿韩元左右，他还没有那么多资金。

"怎样才能在没有钱的情况下让资本继续运作？"承浩下定决心，与其购买昂贵的商铺，不如在那里做生意。因为这样资本的投入要少得多。这就是"学习咖啡厅"的开始。因为他开的是无人学习咖啡厅，所以很容易实现自动化。不到两年时间，无人学习咖啡厅就增加到13家，每个分店平均创造1000万韩元的收益。后来他又购买了土地，在弘益大学附近开了一家名为"哈姆雷特"的葡萄酒酒吧。此时他刚刚34岁。

承浩做得好的地方在于，他在上班的时候学习并实践了投资。在投资的同时他收集了自己的提坦道具，随着知识的积累，不断地训练大脑。此后，他即使只是随便逛逛，也有了分析商圈的能力。渐渐地，他可以完成五子棋理论的渠道就多了起来，每下一步棋都能成功。这得益于他在公司上班时练就的基本功，短短两年就当上了部队指挥者，有了一大批能帮他攻下财富自由这座城堡的士兵。无人学习咖啡厅就是承浩的士兵。承浩是一个一步一步地踩着逆行者七步法的经典案例。

如前所说的"你我为"也是类似的情况。他是在大企业工作了9年的上班族，但当看到自己喜欢的前辈被辞退后，开始摆脱自我意识。在此之前，他连理财书都没看过。9年期间只攒了3000万韩元，那之后他在公司工作的3年时间里，通过理财攒了20亿韩元。"你我为"也是将摆脱自我意识，坚持不懈地读书，身份认同变化，投资学习，创业等必要的行动做得有条不紊的一个案例，所以他才能在短期内就创造出巨大的财富。

在承浩和"你我为"的成功要素中，不能忽视他们的"大企业资历"。他们都在大企业工作了7年以上，在这个过程中锻炼了自己的办事能力、竞争力和策划能力等。正是因为他们在那种高水平状态下开始学习投资，才会比一般情况更快地取得好的效果。

选择这样路线的人不止一两个。我最近认识的一位31岁的女富豪也曾经在大企业工作，攒了一些钱。她从26岁开始关注房地产，到31岁时净资产达到30亿韩元。当然，虽然这里面也有2021年房地产价格暴涨的幸运成分在，但即使没有这些，她一边在公司工作，一边投资，也不难攒到10亿韩元。女富豪也沿用了"大企业 → 学习 → 投资 → 创业"的路线。她最近刚刚辞职，为了增加生意收入，开设了YouTube频道。

b. 在中小企业工作

让我们开始了解一下中小企业和大企业的差异。大企业虽然年薪高，但很难学习多种业务。因为在大型组织中你只能做指定的特殊领域的工作，很难看到全局，因而主观能动性下降的概率很高。相反，中小企业虽然年薪低，但你也很可能在几年内就晋升为高管。因为在规定的工作之外还要做各种各样的工作，所以一般来说经验值提高得很快，主观能动性和自主性也得到了加强（从事简单重复性工作的除外）。这时如果你本人与公司的工作很合拍，公司对你的评价也很好，你就可以首先考虑走高管的路线。

就业 → 中小企业 → 高管 → 创业 → 投资

如果你在中小企业工作，通过实践逆行者七步法来提升自己的水平，与其他员工相比，你将会以压倒性的优势创造出好的成果，在向老总提议自己的项目规划时思路也会比较清晰。

因此可以快速晋升也是中小企业的优势（曾一起做复合咨询的允珠和奎东现在已成为本公司的高管）。如果成为高管或领导，就能掌管整个公司，现实中也有很多企业从原来的企业中独立出去，如三星电子部长没有为了手机生意而独立出去的情况，SK能源的高管也没有因为加油生意而辞职的情况。但大多数中小企业高管都能独立出去，因为他们确实存在这样的机会。

另外，如果认为自己在现在的公司没有成为高管的可能，那就走大企业的路线吧。

就业 → 中小企业 → 大企业 → 投资 → 创业

只是中小企业的月薪通常比大企业少，因此可能很难筹集到起步资金。我个人推荐以下路线：

就业 → 中小企业 → 创业 → 投资

有个朋友叫金多恩，31岁。她在做理疗师的时候，也从未放弃实现财富自由的梦想。从24岁开始，她就一边工作，一边每周末上理财课。在1年的时间里，她参加了创业说明会、经济研讨会，各种理财、销售创业、半永久化妆讲座，等等。不仅如此，她还听了关于副业的讲座。等到两年后她辞职的时候，她已经可以开始做皮肤管理生意了。27岁的她创立了美妆连锁店"逆向时光",3年时间扩增至120家分店,而且这些分店的倒闭率几乎是零。多恩获得了真正的自由。

高恩30岁,专业是西洋画,上大学的时候她还兼职做美术大学入学考试辅导。28岁之前,她在一家美妆学院过着上班族的生活。她每周末都要去听与创业相关的讲座,加入企业代表担任导师的项目,去听超过10万韩元/小时的高额讲座。看着美妆学院院长,她下定决心自己也要成为这样的企业家。她在辞职的同时开了一家美妆店。短短3年时间,公司发展成为有5名员工,每月净收入4000万韩元的企业。

这两人不是富二代出身,她们的学历背景也不是很好。但是她们和"你我为"、承浩一样利用了周末时间接受教育。而且在她们上班的时候,她们的积极性和主动性就已经很强了。虽然是职员的身份,但以老板的思想在工作。结果是她们经过反复升级,在自己独立出来的时候已经了解了创业的所有结构。

2. 无资历群体

你可能因为年纪太大而不适合再去就业了,或者像20岁出头的我一样,因为没有任何证书,处于无法就业的状态;也有可能因为离职或休育儿假等,处于工作中断的状态。那些正在通过送快递、做代驾司机等不需要资历的劳动来筹集起步资金的情况也属于这种情况。

属于这部分的人可能会觉得自己无法实现财富自由。因为我也经历过,所以我很了解你们的心情。为了采访这种情况,我给在这种无资历劳动状态下成为数百亿韩元资本家的3位企业家打了电话。下面是他们的案例。

案例1

宋事务长在夜总会做了4年多的无名乐队的工作,周围的人都说他好像与金钱已经渐行渐远了,但他自己并没有放弃。因为没有什么资历,所以他只做了3件事,那就是看经济新闻、听课、看书。在夜总会休息室里看报纸或书的时候,周围人经常会嘲笑他,但他一直在学习投资。后来他终于开始通过房地产投资赚钱,经过"创业→投资",成为拥有数百亿韩元的资本家。

案例2

YouTuber冷哲高中毕业进入体育大学后,发现原来世界上有很多人天生就拥有怪物般强壮的身体,而自己没有任何特别之处。他生活在严重的贫困中,对社会产生了不满,一旦有人瞅他一眼或挑衅一下,他就会使用暴力。后来他自己觉得这样不行,就开始研究那些富豪,最后得出的结论是:多数的有钱人都是靠房地产和股票积累财富的。之后,他开始在图书馆读关于股票的书。他通过送外卖,攒了1000万韩元之后开始炒股,等到了30岁出头的时候,资产已经有30亿韩元。他认为从那时开始,自己不会再失败,便开始了自己梦寐以求的环球旅行(目前估计拥有数百亿韩元资产)。

案例3

《年轻富豪如何靠SNS一天赚两千万韩元?》的作者安慧彬,21岁结婚,生了两个孩子后24岁了。没有资历,生了两个孩子,工作也完全中断。现在的她厌倦了打工,打算好好挣钱。她开始去上市场营销课,并看了100多本关于品牌推广和销售的书。她花了一年时间学习如何赚钱。然后用做了10多个兼职攒下的钱,挤在40多岁的人群中间,听着高额讲座。4个月后她开始赚钱,月收入有500~1000万韩元。几年后,她出版了2本书,开创了自己的公司,26岁时月收入超过2000万韩元,在金钱上实现了自由。

怎么样?和大企业路线、中小企业路线一样,从无资历劳动起步的人也经历了读书、听研讨会的过程。读到这里的读者中,有人可能会想:"难道真的就只有这些?为什么不告诉我们真正的秘诀?"但真的就只有这些(当然具体的赚钱方法我放在附录中了)。

大多数人对学习如何赚钱这件事会感到厌恶,这是由自我意识的阻碍所致。但前面成功案例中的人已经为成为逆行者做了充分的准备。从承认"我没有钱。我需要钱"的那一刻,就证明他们已经摆脱了自我意识。于是他们就去寻找比自己厉害的人，掏钱向他们学习。因为他们相信赚钱是有方法的，于是他们对未来价值进行投资。还有一个共同点，可能他们没有意识到，那就是他们已经遵循了逆行者七步法。

你说你因为无资历而面临生存危机？先做点什么吧。送外卖也好，打零工也好，什么都行。"我上大学的目的就是干这个吗？"说出这种废话的人，肯定都是顺理者。放下自尊心是比任何摆脱自我意识的方法更为核心的行动。我们要逆本能而行。

什么工作都行，因为所有工作都蕴含着知识和处世之道。我在电影院打工的过程中获得了我人生的转折点。在电影院打工时，我学到了很多待人处事所需要的东西，包括基本礼仪，上下级关系，如何对待客人，如何与同事交谈等。另外，我还通过阅读心理学书，学到了"电影院人与顾客的心理"，这是我人生中最大的变化。因此，如果你只找"获利"的兼职的话，做那个工作的过程，真的是在浪费时间。所以以积极的态度，做所有的事情吧。我想如果我还年轻的话，能经历的我几乎都想去尝试一下。与其在家里待两年准备创业，不如平日里打个三四天的工，做夜间代驾、超市凌晨配送、快递员等，我都想尝试一下。即使你没有得到一份体面的工作，你也会发现只要自己足够谦虚，满眼都是机会。很多大富翁都曾表示："在无资历受苦时期培养的刚毅，在危机时期起到了很大的帮助作用。"只要你和书在一起,世界上任何地方都是学习的地方。你说没有任何想法,打工只为了喝酒?那么你的生活改变的可能性为零。球都不踢的人,怎么可能踢好足球呢?

3. 专业人士群体

专业工作 → 高薪 → 创业 → 投资

说实话,如果你有专业知识,只要能好好跟着七步法去走,我敢断定你肯定会成功。因为如果有专业知识,只要加强一下与营销相关的知识,就很容易取得成功。但是大多数专业人士的自我意识都很强,很难接受新事物:"我是律师,我要去做这些无关紧要的营销吗?""我是手艺人,他们应该主动找上门来啊。"这些地方蕴藏着巨大的机会。以我创建奇异的营销为例,作为一家综合营销公司,目前有40多名正式员工和几十名实习生及兼职者,它是全国专业营销公司中最有名的一个。尤其是我们以律师营销为主,专业人士很容易就能成功。我这里所说的专业人士并不仅仅指医生、律师等。比如,手机代理商总经理和销售人员也都是专业人士。只要掌握一般人不懂的知识,都可以称其为专家。我这里正好有个合适的案例,下面介绍一下。

我的一位30岁的亲戚家弟弟,他已经经营了几年的手机代理店。之前每月大约有1000万韩元的收益，但由于新型冠状病毒感染疫情和竞争商家的出现，每月的收益减少到600万韩元，而且3年多来，一直如此。不安的他有一天喝了酒来到我家，向我吐露了心中苦恼，并说想通过新的生意获得成功。我回答说："你是一个好的销售人员，善于向客人介绍产品，你光干现在的生意已近7年，已经有了很强的专业性，现在如果再去做其他生意，就得从头再来。现在你先定一个靠卖手机每月赚1500万韩元的目标吧。"然后，我给他布置了一个任务，让他学习博客营销，并花一周时间用来写作，读一本与网络营销有关的书。一周时间里就出现了一点起色，通过博客文章，他每天大约都会增加一个咨询电话。我在这里看到了可能性，于是提出了这样的建议："目前你的纯收入在600万韩元左右，如果在我的帮助下，一个月内纯收入达到1600万韩元，你就返给我20%。"亲戚家弟弟考虑再三后接受了这个提议，于是我在一个月内通过博客营销为他创造了2200万韩元的收入。此后，这个弟弟完全相信了我的话，他读了所有我推荐给他的书，而且正在努力实践"22战略"。现在他的店已经独占了他们附近的市场。这本书出版之前，他阅读了这本书的PDF，没过多久就每月赚到4000万韩元。这是短短一年内发生的事情。

　　成功的秘诀很简单。因为他长期销售手机，已经具备了该领域的专业性。在与我见面的过程中，他学习并实践了基本的网络营销（特别是博客营销）。仅此而已。如果已经具备了专业知识，只要再增加一些技巧就会有很好的结果，只是多数人不知道方法而已。我的第一次创业也是因为我具备了一定的专业技能，所以才会大获成功。

  你是公司的设计师吗？首先，实践逆行者模型，成为公司不可缺少的存在。如果你拿不到想要的工资，就逐渐把自己的工作转向自由职业吧。在Kmong等平台上面积极参加活动，并不断地研究营销，然后做一个在线网站，开始创业。如果你是私人诊所的医生，学习网络营销的瞬间，你的营业额就会翻几倍。律师也是如此。奇异的营销就是为医生、律师等进行代理营销，月入400~500万韩元，而且续约率高达97%。这些聪明的精英续约肯定是有原因的。在这些领域里，你只要学习一些网络营销的基础知识，就可以达到完全不同的高度。

  不管你是空调清洁师，还是自来水管道工，试着在你的专业技术之上学习营销吧。你可能会反问道："如果这本书被我的竞争对手读了，这个方法是不是就行不通了？"不是的。这个世上的人们大多都喜欢过顺理者的生活，即使看到这本书也会嗤之以鼻，直接合上。因为基因的误指挥，他们不会去学习新的东西。因为他们没有刻意去训练大脑，所以他们在读新书方面需要克服很大的困难。因此你将成为你们周围最独特的商人，可以垄断附近的所有生意。其实，有一位在"奇异的营销"里工作过一段时间的实习职员，他曾用自己学习过的营销技术给他父亲的生意帮忙，结果大赚了一笔。如果要介绍博客营销的话，可能篇幅会很长，所以我打算把"博客营销的基本原理"整理成文字，放在我博客的公告栏里。

4. 企业家群体

企业家不仅仅是指经营企业的老板，也指个体户、无资本创业者、有资本创业者等所有可注册企业的人。如果按照有无注册资金的话，这一群体可分为无资本创业者和有资本创业者。

a.无资本创业

他们可能本身就不具备就业的资质，或者是因为年龄太大而很难就业。此时他们需要立即准备无资本创业，开设YouTube频道，制造产品等。当然，因为没就业，首先需要做点什么来解决生计。如果是我的话，我会选择做代驾、临时工等。同时，实践逆行者七步法和5种学习方法。这个路线也有一些好的案例，下面我来介绍一下。

2020年4月，有一位21岁的青年突然向我的账户汇入1000万韩元并留言说："托您的福，我2个月赚了5000万韩元。"在第六章中我也提到过，这位朋友是看到我在博客上写的"靠无资本创业，周日一天创业，获得财富自由"一文后，付诸实践，并获得了成功。收到汇款5个月后，我突然好奇这位朋友过得怎么样，心想会不会已经倒闭了，所以就搜索了一下，发现在LOGO制作公司的战场——Kmong平台上，他的公司以压倒性的优势排名第一，还被评为2020年"Kmong最佳设计公司"。这位朋友是一个对设计一窍不通的人，在相关领域也没有什么知识储备，也没有人帮忙。他只是按照我告诉他的方法实实在在地去实践了。现在他雇了弘益大学美术学院毕业的员工，创造了杠杆效应。那么这位朋友读过的我的文章到底是什么呢？我稍作修改后进行公开。

如何实现无资本创业？第一，因为这是移动互联网时代，以前生意场的新手能做的事情就只能是租赁小区附近的商铺，经营小区生意，创业资本也需要5000万韩元以上，但今天是赚钱最好的时代。免费的官网、免费的营销，可以让全国有需求的用户聚集起来。

可以无资本创业的第二个原因是，不需要大量的经验，新手帮菜鸟都可以，这也是我的商业哲学。不一定要高手去帮助菜鸟，因为有些菜鸟所需要的帮助真的是一些新入门的新手就可以提供的。因此，这个时候提供帮助的人是新手也无所谓。在互联网出现之前，情况就不一样了。假如我开了一家美发店，当附近出现比我优秀的人时，我就会倒闭。因为这是固定成本，当时是一个只有高手才能生存的世界。但现在情况并非如此，现在是新手帮助菜鸟就能赚钱的时代。另外，即使我没有一点设计天赋，也不会做任何程序，但如果我现在成立LOGO

公司，那么我有信心按照以下流程每月赚3000万韩元。

1. 利用免费网页制作平台，建立LOGO设计网站。
2. 调查LOGO的市场价，经确认，专家制作的LOGO最低售价为10万韩元，在Kmong平台上售价为5万韩元，由于我是菜鸟，所以我把我的LOGO制作价格定在2～3万韩元。然后我了解了LOGO公司依赖的销售系统，发现通常LOGO公司会提供3个方案，再逐渐缩小范围，来满足客户需求。于是我也准备3个方案。
3. 利用制作LOGO的平台设计标志。Imweb、Wix、Kmong等几十个海外网站在30秒内就能帮我设计出LOGO。
4. 通过Instagram赞助商的广告，每天投入5000韩元到1万韩元的费用播放广告。通过Kmong做广告也可以。还可以利用Naver博客、Instagram、YouTube等进行免费营销。这里顺便说一下，我所有的营销都没有花一分钱就成功了。
5. 应用"六级平衡理论"来提高网站的可信度（详细内容可以参考奇异的营销主页上的专栏栏目）。
6. 渐渐地，信任度开始提升。等到做一两个月以后，你就会明白人们喜欢什么样的设计了。自此，时间极大地缩短，客户的满意度得到提高。当你的净收入达到每月300万韩元时，就进入下一个阶段。
7. 现在是需要提高设计单价的阶段。你在实际工作中开始认真学习设计LOGO。你可以看一本关于设计实务的书，也可以试着分析一下行业龙头公司的投资组合，同时可以上一下设计辅导班或去听一些相关课程。

8. 依靠口碑和营销，供不应求的情况渐渐产生。你渐渐也到了不再追求LOGO的数量，而拜托你制作的数量变多的阶段，此时价格就会逐渐上涨，以调节需求。

9. 你开始雇用员工或培训兼职者以实现业务的自动化，并将产品设计分为高级、中级和初级，来实现价格的差异化。随着销售规模的扩大，创业开启公司模式。之后你通过看管理类书籍，开始学习公司的扩张方法、B2B市场开拓等方面的知识。

10. LOGO公司已经稳定了。你可以向与LOGO关联度较高的周边事业（网页设计、横幅广告、网页制作）拓展。

11. 以这一成功经验为基础，其他项目也可以尝试无资本创业。

第7条之后是开始向企业方向发展，其实只要执行到第6条，就完全可以解决温饱问题。

这篇文章上线后，人们都取得了什么样的成果？

21岁的青年创立了获得Kmong大奖的"Greeda"设计公司，从事贴纸生意的26岁女性通过我的咨询改变了路线，因为我建议她用无资本创业来创立一个LOGO公司。之后她创办了"Herue"LOGO设计公司，并在一年的时间内迅速发展，目前正在首尔鹤洞十字路口附近和15名员工一起工作。

之前我做线下活动的时候，有部分人来送我礼物并对我说："靠创业每月能赚到1000万韩元。太感谢了。"他们都是看到上面的文章之后才开始创业的。所以，你的那些"我没有特长""我没有资本"之类的说法是行不通的。新手教菜鸟的市场无处不在。如果你有自己平时感兴趣的领域，先把自己的实力提升一点，等到了新手的水平之后，就可以马上创业了。前面我说的太难了吗？如果这样，还有比这更简单的，你只要有健康的身体就可以开始创业。这些项目的创业要领我将会在最后的附录中揭晓。

b. 有资本创业

有资本创业比无资本创业容易。但具有讽刺意味的是，虽然创业容易，但毕竟不是以网络为基础，因此很难赚大钱。

乍一想可能会觉得很奇怪。为什么投入资本去创业，反而不能赚大钱呢？我来解释一下。比如我做的PDF书销售业务，每天销售6本，每本售价29万韩元，一个月就有5000万韩元的纯利润。但对于我的咖啡厅来说，即使经营得再好，由于卖场大小的限制，每月也很难赚到1000万韩元以上。另外，线下创业的人工费或各种使用费、材料费等固定费用都很大。还有，如果不是24小时都可以营业的行业，也会受到营业时间的限制。可能与无资本创业相比，更容易在初期站稳脚跟是它的优点。

我觉得如果以前有1万～2亿韩元的资金，我会试着做一些简单的自营业创业，通过试误法来提升自己的层次。因为在创业初期，重要的不是月收入，而是积累经验。有资本创业的科技树如下。

1. 试着照搬逆行者七步法。
2. 如果要开一个咖啡厅，就阅读20本关于咖啡厅的相关书籍。如果要开烤肉店，就阅读20本与之相关的书籍和营销书籍。做到这一点，你就可以在你周围开始一场永远不会输的游戏。
3. 学习Instagram、博客、YouTube等一些可以做广告的平台的相关知识。看与之相关的书也好，听讲座也好。不用抱太大的希望，试着简单地把书上的营销方式一点一点地执行。让我们一起在Naver上搜一下我写的一篇名为"智能空间平衡（Smart Place Balance）理论"的文章吧。
4. 结束了。其实，没有自营业创业者会实践这1、2、3条。只要努力做到这一点，就能在附近商铺中排进前10%。

就像我提到的那样，我最近开了一家名为英菲尼的威士忌酒吧和一家名为欲望书吧的咖啡厅。开欲望书吧原本不是为了赚钱，而是为了有一个自我实现的空间，为来这里的人们能像我一样想出好的创意而开设的空间。但是在经营了一段时间后，现在已经成了非常有名的咖啡厅。它的Naver评分在首尔江南区所有的咖啡厅中位列前1~2位,不久前还登上了报纸和电视广播。说到这里,肯定有人会称赞:"欲望书吧有一个屋顶平台,它的装修也很漂亮。"

这个空间在我接手之前也是作为书吧在运营的。我去玩过两次,有一次客人只有我一个,只有一桌。每天的顾客只有2~3桌,根本没有什么生意。我照原样接手过来。书吧重新开张的时候,我也没有做什么特别的营销。我只想让任何人搜索"首尔书吧"的时候,它能够出现在最前面就可以了。你只要在网上搜索一下如何在Naver地图上出现并且位于前列的方法,就会发现原来原理很简单(这个方法论也在我的博客上写了)。

一开业就登上了Naver地图第一名。而且我只是简单地更新了Instagram。但是这个原来一个月销售额不到90万韩元的空间,在收购两个月后月销售额就突破了2000万韩元。真的,我只做了这些。不是你必须要做多少事情,生意才会好。只要你把必要的事做好就行了。那你又怎么知道那件"有必要做的事"是什么呢?希望你重新回到逆行者七步法。记住,在本章中,我们谈到了两个赚钱的方法。欲望书吧给人们带来了幸福感(当然,欲望书吧的出发点是零收益。因为做它的初心就是零收益,只是为了给人们提供服务,所以每次产生利润的时候,都会降低咖啡的价格)。

本章讨论了通向财富自由的方法论。分析那些已经获得财富自由的人走了什么路线,然后提出各类不同的人实现财富自由的方法。这样的文字很少，所以一开始看起来可能有点陌生。反正如果你不执行的话，也不会有太大的感触，很快就会在脑中"挥发"掉。为了把它制作成完整的知识链，让我们对各个路线进行整理总结，并写出自己的想法吧。你也可以想想身边的人，然后把他作为一个例子来写。一定要把它放在博客上或者记录在某个地方。我确信，如果你通过这种方式进行各种实践，以后重新找出来阅读，感触会有相当大的不同。别的都无所谓，只要你能认识到"在实现财富自由方面也有超车道"，本书的目的就达到了。

第八章

逆行者第七步——
逆行者的转轮

> 不要以愚人的完美而要以智者的错误作为你的标准。
>
> ——威廉·布莱克

在古希腊罗马神话中有一个叫"西西弗斯"的人。他因为犯了罪，所以要永受滚石之刑。哈迪斯[1]命令他："把石头推到山顶。"推到山顶之后石头又滚了下来，然后西西弗斯再次把这块石头重新推到山顶，石头又滚了下来。于是，他就不断重复、永无止境地做这件事。这就是刑罚。

我们的人生也是如此。假设有一个"想要得到爱情的人"，这个人有很多像西西弗斯一样的任务。

1.一次又一次地恋爱失败。

---

[1] 哈迪斯（Hades），是希腊神话中的冥王。

2. 在失败中受到伤害，最终遇到另一半，但矛盾又开始不断地重复。

3. 虽然结婚了，但和另一半的矛盾却更深了。

4. 有了孩子以后，所有的心思都用在照顾孩子上，有大量的工作要做。

5. 孩子长大成人，又开始担心他的学业、考试、健康等诸多问题。

6. 孩子独立后，自己的生活变得空虚。

7. 开始寻找生命的意义。

8. 不断地重复失败和成功，直到死亡。

遭受滚石之刑的西西弗斯

不管你是大公司的总裁，还是世界上最好的足球运动员，都会面临如上所说的无数问题。当你挣1亿韩元年薪的时候你会想要2亿韩元年薪，当你有100亿韩元资产的时候你会说："现在可以是可以了，但如果我的资产能达到300亿韩元就好了。"在韩国国内称霸的企业家会说："我想称霸世界。"世界顶级企业家埃隆·马斯克正在进行"火星迁移计划"。

为什么人类不容易满足呢？是因为多巴胺。我们在设定目标并实现目标的过程中，会获得压力和快乐。当结果出来后，我们会分泌多巴胺，从而产生幸福感。但这样的感情不会持续太久。我们的大脑就会用鞭子抽打我们，说："必须获得更多的多巴胺！马上制订新目标！"如果不能创造出新的成果，大脑就挥舞着鞭子，给人们带来"不安""忧郁"和"焦虑"的感觉。

我们的人生是不是太不幸了？正如德国哲学家阿图尔·叔本华所说，人生不是痛苦的吗？也可以这么想。但我们的人生与西西弗斯不同。西西弗斯即使把石头推到顶峰，也会立刻"初始化"，但是我们会在设定目标和失败的过程中成长，并获得智慧，拥有更好的生活，然后走向真正的自由。也就是说，与西西弗斯不同的是，我们能通过升级获得"自由"这一奖励。

我在获得财富自由后，还会反复地做着和西西弗斯一样的事情，就像现在正因为写书而遭受极大的痛苦。玩就可以了，干嘛要工作啊？大脑不会让人休息的。它会一直鞭打着我们，索要多巴胺。当我们完成一个目标后，它就会设定下一个目标并命令我们去实现这一目标。多亏了逆行者七步法，我在实现目标上不会有什么失败。我们会不断成长，并逐渐成就更大的事业。

人们和西西弗斯一样不幸的原因很简单。

原因1　不知道成长的方法

没有摆脱自我意识的人，在成长过程中会反复失败，最后和西西弗斯一样永远原地踏步。对原地踏步起决定作用的是自我意识、警惕基因的误指挥、智商和方法论的缺失。懂得逆行者七步法的人，正是因为理解了"正确的步骤"，所以能反复将其踩在脚下并不断成长。

原因2　因资源而承受压抑

理性高喊着"钱不是人生中最重要的东西"，但本能却反复地命令"多赚钱，宽裕一点，然后在生活中最大限度地提高自由度吧"。对充裕资源的需求得不到满足，即使重复地使其合理化，也会有局限性。大脑最终因为没有得到自己想要的多巴胺，就对人们进行"鞭打"，并给予使其"忧郁"的惩罚。

原因3　成长停滞，自卑反复积累

生长停滞的人唯一能做的事情就是"把旁边爬梯子的人拉下来"。因为感觉自己已经没有成长的可能了，看到有人成功就会难以忍受，想尽办法地去找出问题将其拉下来。看到同年龄段的成功人士就会充满自卑，看到他们跌入深渊的时候，才会获得唯一的"幸福"回报。身份认同感较好的人就不一样了，即使看到别人获得成功，也会有"我最终也会成功的"的自信，不会使用将别人"拉下来"的手段，不会为自卑而受伤，愿意向成功的人学习。人如果感觉自己不能成长，自卑感会反复累积，就会感到不幸。

如果我们按照与生俱来的基因命令，过着顺理者的生活，我们的人生就和西西弗斯的人生没什么两样了。但即使面临和西西弗斯一样的终身任务，只要我们反复地感受幸福，获得人生自由，也能成为人生的逆行者。

想要成为逆行者，只要按照七步法前进就可以了。当你沿着逆行者七步法循环一圈时，必然会面对"失败"。如果你每月挣1000万韩元，那么你就有赚1500万的目标。但这是一个难度完全不同的游戏，所以你必然会面临失败，人就是在这一过程中成长的。这个世界上没有一个网球选手不经历失败，也没有一个没经历过失败的足球运动员。世界上最好的运动员都是在数千次的失败中迭代成长，然后来到自己的全盛期。

1. 小学生即使再有天赋，也不是初高中生的对手，会面临失败。

2. 初中、高中的时候，即使再厉害，也不是职业选手的对手，会面临失败。

3. 即使成为职业选手，也会败给联赛的顶级选手。

4. 即使在联赛中成为顶级选手，在走向世界时也会面临失败。

5. 即使成为世界第一，也会败给自己之前的纪录，或者被新的希望之星击败。

重复这个过程，才能成为世界上最好的选手。通过经历反复的失败，运动员最终获得了"世界第一"的头衔。按照逆行者七步法不断经历失败，普通人也会获得"自由"的头衔。

其实，人生这场游戏也没什么不同。因为我们"下一个目标"的水平必然比以往面对的对手要高。只有经历过失败，才能按下"升级"键。当生活稳定下来时，多巴胺会命令我们接收新的东西。我们在得到这些的过程中会反复地经历痛苦和失败。这时，指给你一条捷径，这就是逆行者七步法。而顺理者在失败面前，会因为自我意识或基因误指挥而错失"升级"的机会。

○ 顺理者会说："都是因为A""进入下一个等级的人肯定都是

骗子，这不是我的问题""因为我的父母把我生成这样，那些富二代从小就接受了良好的教育"。说着这些话的同时，就错过了升级的机会。

○ 逆行者会陷入这样的沉思："我设定了更高的目标，失败是理所当然的。那么，从现在开始，我需要提高什么才能进入下一个等级呢？先训练大脑吧？先摆脱自我意识吧？"

没有必要去计较父母是什么样的，基因是什么样的，国家是什么样的，要直面现状，考虑现在应该做什么。沿着逆行者七步法走下去，就算不能做到最好，至少也能获得人生的自由。

失败和试错都是必然的，在这个时候，与其回避或自我合理化，不如开心地说："我升级的时刻到了！"我每次在最绝望的时候，都会感到压力巨大，但我也会开心。因为我认为"我真的可以获得快速成长的机会来了。正因为我想进行一次大升级，这些苦难才会找上门来吧！"，然后又继续遵循逆行者七步法，最终获得了自由。当失败来临时，你完全可以感到快乐，这意味着你的任务比你的水平高，你很快就会升级；因为这也意味着你离自由更近了。

后　记
成为逆行者，享受真正的自由

21岁的冬天，我喜欢上了一个女孩。她毕业于安山最好的高中，长得也很漂亮，正在首尔的名牌大学读书。而我与之相反，仍然过着最糟糕的生活。我没有办法接近她，只能跟她说一起去她常去的教会，努力和她走得近一点。

有一天，我和她在舍堂站[1]一起吃汉堡包，谈起了幸福。她这样问我："哥哥，你认为活成一位富翁会是一种什么感觉？"

"金钱和幸福是两回事。你没看到那些大财阀和有钱人也会自杀吗？我不认为幸福在于钱，我认为关键还是精神财富。所以我对哲学和心理学很感兴趣。"

她沉默了一会儿，开口说："哥哥，我妈妈是这样说的：'秀雅，"有钱人不幸福"这句话是只有你成了有钱人才有资格说的，如果你好奇有钱人是否真的不幸福，你不妨先做个有钱人吧。'"

---

[1] 首尔的一个地铁站。

我哑口无言，因为我深信自己成为有钱人的可能性为零。

过了很长一段时间，我虽然没成为大富翁，但实现了财富自由。如果现在再问我"金钱会带来幸福吗？"，我会这样回答："金钱并不能保障幸福，但是能大概率保障你的人生自由。"

这本书谈到了财富自由和金钱，但我真正想说的主题是幸福。如果我写一本关于幸福的书，我想人们不会读。所以我想谈谈以金钱为主题的幸福方法。我之所以能够摆脱过去的痛苦，能够专注于自己真正想做的事情，都得益于我实现了财富自由。谁也不会为了金钱而活，金钱只是获得幸福的一种手段。矛盾的是，这也是为什么它如此重要。

我之所以多次强调逆行者七步法，是因为这是给我带来财富自由的方法，同时也是让我幸福的一种方法。从我的人生开始走向顺利的时候，我就在不断地思考："像我这样愚蠢、自卑的人的人生怎么会发生如此大的变化呢？如果将我的成功理论化的话，我就可以跟其他人分享这个方法了。"就这样，在经过无数次的思考之后，形成了逆行者七步法的理论。

特别是如果在第一步不能摆脱自我意识的话，很有可能陷入不幸的境地。每个人都有想要发展、想要成功的欲望。但是当你成为过度的自我意识的奴隶的那一瞬间，你就会变成一个老头儿。自己无法成就任何事业，却忙着忠告年轻人来自我安慰。在网络世界里，写下"那些都是骗子""他们不就因为自己是富二代才成功的嘛"等留言，来贬低他人所取得的成就。为了回避自己的伤痛，把自己变成了一个只相信自己的老头儿。如果这种回避反复进行，就会持续失去机会，小时候梦想的精彩人生就会慢慢消失。为了将之前错过的机会自我合理化，只能活得更加扭曲。这样永远都难以得到幸福。

我认为第四步的不断训练大脑也是接近幸福的一种方法。如果你不断地训练大脑，提高智商，你的决策能力就会得到提高。人类之所以变得不幸，大部分是因为他们做出了错误的决策。如果你能在人生的每个十字路口都选择了好的方向，尽最大努力去寻找可能性的话，幸福的概率会成几何倍数增长。

像这样，逆行者的所有阶段都是在讲赚钱的方法，但实际上也是在讲关于如何幸福生活的方法。我还不够成熟，也没有多大的成就，这个世界上比我聪明、有钱的人数不胜数。因此，在这两年的时间里，我曾无数次的考虑过是否应该出版这一本书。

但最终我还是鼓起了勇气，我认为这个世界上有很多像过去的我一样的人。因此，我想说的是，人生不是只能一味地接受，其中总是会有可以挤出去的缝隙，只要你迫切希望并为之努力，就能从艰难的现实中摆脱出来。我特别想把这些告诉给还停留在我逃出来的那个空间的人们。

我现在很幸福，在时间上获得了自由，在人际关系上获得了自由，在金钱上也获得了自由。我每天都充满期待，充满自信。我希望我永远不死,来享受这些欢乐。我想让像过去的我一样的人一起来感受这份心情。我想说:"你认为的绝对无法跨越的那堵墙,其实没有什么大不了的!"

我的故事到此结束了。也许某一天,我们可能会见上一面。希望那时候的你也能摆脱与生俱来的命运,成为违背本能的逆行者。

参 考
把我塑造成逆行者的书单

等级1 ★ ☆ ☆
阅读入门者适合读的书

《从负数开始出发：一个日本小白领的发财日记》，［日］泉正人著，思运译，北京理工大学出版社，2012年

推荐理由：如果你没有读过一本书，那就从这本书开始吧。很容易读，真的是本好书。

《手机大脑》，［瑞典］安德斯·汉森著，任李肖垚译，北京联合出版公司，2022年

推荐理由：有效利用大脑非常重要。最简单的入门书。

《会切西红柿，就能做餐饮》，［日］宇野隆史著，赵小平译，东方出版社，2013年

推荐理由：最简单、最有洞察力的商业书籍。

等级2★★☆
如果你的水平能读懂等级1的书的话，一定要读这些书

《我即使没有钱也要做生意》（*48-Hour Start-Up: From Idea to Launch in 1 Weekend*），［英］弗雷泽·多尔蒂（Fraser Doherty）著，Harper Collins，2016年

推荐理由：创造Super Jam果酱品牌的20多岁：超级富豪多尔蒂的书。

《每周工作4小时》，［美］蒂莫西·费里斯著，鹤梅译，文化发展出版社，2017年

推荐理由：与《百万富翁快车道》《富爸爸，穷爸爸》一起探讨"财富自由"的最为著名的书。

《企业家方程式》（*The Entrepreneur Equation*），［美］卡罗尔·罗斯（Carol Roth）著，BenBella Books，2011年

推荐理由：这本书让我明白了事业和生意的区别。书中的概念对我影响很大。

《为什么精英这样用脑不会累》，［日］桦泽紫苑著，郭勇译，湖南文艺出版社，2018年

推荐理由：一名心理医生写的书，是我最近读过的最好的书。

脑科学书中比较容易读的书。

《我的人生样样稀松照样赢》，［美］史考特·亚当斯著，朱银涛译，中国人民大学出版社，2017年

推荐理由：因蒂莫西·费里斯的《提坦的道具》（Tools of Titans）产生灵感。很容易读的一本书。

《冲刺：为什么要热爱竞争》（Rush: Why You Need and Love the Rat Race），［美］陶德·布希霍兹（Todd G. Buchholz）著，Hudson Street Press，2012年

推荐理由：作者是世界经济学家，曾担任过白宫经济秘书。这本书讲述了竞争和进化，但最终告诉了人们什么是幸福。

《除了死，都只是擦伤》（死ぬこと以外かすり傷），［日］箕輪厚介著，マガジンハウス，2018年

推荐理由：日本天才编辑写的一本关于如何赚钱的书。

《百万富翁快车道》，［美］MJ·德马科著，郑磊、王占新译，中信出版集团，2017年

推荐理由：一本非常著名的谈论财富自由的书。虽然初版已近10年，但还值得读一遍。

《行为设计学》，［美］奇普·希思、丹·希思著，姜奕晖译，中信出版集团，2018年

推荐理由：几千年来口口相传的文章到底有什么规律？对商业或市场营销感兴趣的人必看的书。

《无脚本》（*Unscripted*），［美］MJ·德马科（MJ DeMarco）著，Viperion Publishing Corporation，2017年

推荐理由：继《百万富翁快车道》5年后出版的书。个人觉得比前作更好。

《怎样证明你是正常人》，［韩］全忠焕著，千太阳译，人民邮电出版社，2014年

推荐理由：如果想入门进化心理学，一定要读一读这本书。

《自我提升的45个法则》，［美］戴夫·阿斯普雷著，杨洁玲译，中信出版集团，2021年

推荐理由：硅谷怪才CEO兼"防弹咖啡"创始人写的一本书，讲述了如何入侵人生的方法。

等级3★★★

如果读等级2没有问题的话，

希望你一定要读的我的人生之书

《大脑，解开欲望的秘密》(*Brain View*)，［德］汉斯-格奥尔格·豪塞尔（Hans-Georg Häusel）著，Haufe Lexware GmbH，2016年

推荐理由：让我了解了人类的心理和购买心理的一本书。

《思考，快与慢》，［美］丹尼尔·卡尼曼著，胡晓姣、李爱民、何梦莹译，中信出版集团，2012年

推荐理由：行为经济学家的创始人和获得诺贝尔经济学奖的天才心理学家的书。这是一本有点挑战性的书，但你至少应该尝试一下。

《欲望的演化》，［美］戴维·M.巴斯著，谭黎、王叶译，中国人民大学出版社，2011年

推荐理由：只要读了这本书，就能了解人类几乎所有的心理结构。

《有序》，［美］丹尼尔·列维汀著，曹晓会译，中信出版集团，2018年

推荐理由：这本书告诉我如何有效地使用大脑，是改变我人生的书之一。

《才智悖论》（*The Intelligence Paradox*），［美］金泽哲（Satoshi Kanazawa）著，Wiley，2012年

推荐理由：告诉你随着智商的提高，人的行为模式是如何变得不一样的。

《怪诞脑科学》，［美］盖瑞·马库斯著，陈友勋译，中信出版集团，2019年

推荐理由：告诉我关于人类心理错误的书。

附　录
能够马上赚钱的无资本创业项目

批评理论家们对于这样一本书可能会这样说："这虽然是一本告诉你如何发财的书，但是看过之后，没有看出具体的方法论来！"我同意这种说法，因为我们看过的任何一本畅销书，都没有出现方法论。所以我特意提前准备好，具体给大家展示一下赚钱的方法和流程。下面我来告诉大家月收入超过1000万韩元的创业项目和把这些项目商业化的方法。如果你看过我的博客，你就会知道，在我的帮助下月收入超过3000万韩元的人不计其数。仅仅是上个月，就有3个人为了表示"感谢"，每人给我汇了1000万韩元。总而言之，方法论肯定是有的。

这本书里出现的概念，不仅针对"创业者"。不管你是YouTube博主、艺人、运动员还是上班族，逆行者七步法对所有进行经济活动的人都能起到帮助作用。下面给出的例子虽然是"无资本创业"，但这部分内容只是因为它属于我的专业领域而讲述的，希望大家不要把这本书误认为是"关于如何做生意的书"。这些例子不是告诉你如何发财，而是证明"经济是真可以实现自由的",因此作为"附录"列入书中。

但即使告诉你如何"马上赚钱",大多数读者也不会去实践。因为自我意识会抛弃这些信息(第二章);你的身份认同也会低声地说:"你不是一个能赚钱的人"(第三章);基因也会发动误指挥,下达"回避新信息"的命令(第四章);而且由于大脑没有经过训练,没有能力去解读信息,所以无法理解信息(第五章)。所以,反复循环逆行者七步法非常重要。其实,其他书的作者也知道"方法论并不重要",因此他们不会把它直接教给你。而且想要仔细地说明马上就能赚钱的方法的话,还需要一本差不多这个厚度的书,如果在自身"级别"不够的情况下去告诉人们这些东西的话,肯定会遭到那些攻击性很强的顺理者的攻击。

"你给出的方法是×××,所以有问题!不行!"
"你真的做过吗?真的是做过之后才说的吗?"
"那个市场已经是红海了!"

顺理者们会一直在唠叨着那些"为什么不可以"的理由。因为比起可以的理由,只有找到不可以的理由,才不会伤到他们本性的自我意识。但是你要永远记住,只有逆人生而行,方能获得自由。你要铭记,我们与生俱来的原始本能与通往自由的道路在相反的方向,不要被那些受本能和基因支配的顺理者的负面言论所蒙蔽。

这里给出的项目只是众多商业项目的一部分。你只需要理解"原来还有这样的方法""原来这样做就能够赚钱"就可以了。就像我说出LOGO项目的想法之后，出现了很多实现财富自由的案例一样，我认为在这里通过我给出的这些项目赚到钱的人也会很多。这些项目可以在没有技术能力，几乎不用花钱的情况下开始。我在一周之内想出了这四个项目，这些想法的产生很简单。你只要能有"哇，这个不知道是否有人替我做？"的想法产生就可以。如前所述，只要能给人们带来舒适和幸福，就能赚到钱。我创办的所有公司都是如此。

1. 特殊搬家和上门组装服务

这是个非常简单的项目。只要你马上开设博客，设置关键词"首尔论岘洞上门家具组装""首尔江南站上门家具组装""首尔瑞草洞上门家具组装"等，并留下上门家具组装的文字和照片就可以了。现在，家具、运动器材、衣架等虽然都可以在网上以便宜的价格买到，但因为需要自己动手安装，所以很麻烦。你可能喜欢组装，但很多人一提起组装就会恨得咬牙切齿。那些不善于操作工具的人，身材矮小或没有力气的女性，害怕组装东西的人比你想象的要多得多。对他们来说，组装家具的麻烦不仅仅是"太麻烦了，花钱让别人来做"的程度，而是"我做不了"的程度。所以，只要价格不是很贵，他们都会付钱来请人帮忙组装家具。用博客营销，每套家具收2~3万韩元就可以了。（这个过程其实和我在第一章中成功创业的方式完全一样，所以我希望大家再读一遍。）

大多数顺理者或者没有商业经验的人听到后会这么说："谁会花2万韩元去叫人组装啊？"我可以向你保证，如果我亲自做这个生意，一周以内，我每天绝对可以收到10件以上的组装申请。每当我向别人介绍复合咨询这一项目的时候，总会听到一个听了十万八千遍的问题，那就是："真有人花钱做复合咨询吗？"令你失望的是，我靠这个项目一个月能赚1个多亿韩元。

你不是世界的中心，世界上有很多不同的人有着不同的需求。当你听说某项生意时，你会产生"真有这种需求吗？"的想法，这时候你有必要回头看一下自己是否启动了自我意识防御。大多数情况下，这种想法的产生是因为你不知道这种需求本身是否存在，而不是因为你确切地知道这个生意不能成功。

a. 运动器材搬家服务

对这个项目犹豫不决也是因为自我意识。一些顺理者听到这个项目后会想："不会吧？让我去做这些破烂玩意儿？"让我把我3天前经历的事情作为例子讲给你听。

我最近搬到了位于杨平郡的乡下。以前住的房子里有个叫史密斯机的运动器材，但是搬家公司说这个拆不了，所以不能搬。我先搬了家,放弃了史密斯机。之后我因为如何搬运动器材而苦恼,最终给购买商家打了电话。结果,搬运费用为160万韩元。当时的购买价才100万韩元,也就是说搬迁费比买个新的费用还要高。我纠结了一下,在门户网站上搜索了"运动器材搬迁""史密斯机搬迁"。令人惊讶的是,竟然只搜索到一家"史密斯机搬迁"搬家公司。我感到很绝望。该公司几乎处于垄断状态,肯定价格很贵,有可能还会得到"太忙了,做不了"的答复。不祥的是果然被我猜中了。接电话的老板并没有"顾客终于来电话了"的兴奋,而是以一种"来电话的太多了……怎么又来了"的不耐烦语气回答道:"预订客户已经排到两个多星期以后了,现在无法为您提供帮助。"

大多数人可能不知道,世界上有很多人在搬家时因为运动器材而受罪。如果你在博客上不仅写下"史密斯机搬迁",还写了很多运动器材搬家的文章,那会怎么样呢?你的公司肯定会大赚一笔。这项生意的要求也很简单。

- 健康的身体。
- 可以免费开设的博客。
- 价值500万韩元的二手卡车。
- 可以拧开所有螺丝的工具(网上购买即可)。

说到这里,又有人反驳了。

如果没有购买二手卡车的500万韩元费用呢？

可以租一辆，或者是每到来了订单的时候去现租也可以。如果这个费用也有压力的话，那么就看看下面介绍的其他无资本创业案例。

如果我拧不开螺丝怎么办？

如果有咨询电话，你可以这样回答："您如果再联系其他地方，也要花很长时间，不过以防万一，您还是预约一下其他公司吧。因为运动器材各有不同，我有可能拆不了，但是今天我有时间，那就去看看吧。您不必担心，如果处理不好，我不会收钱的。"

从对方的立场来看，这是一个无法拒绝的提议，因为对方没有因我而吃亏的可能性。你用客户的器材练习就行了。通过练习，你的专业技能将得到培养，即使有所失误，给客户5万韩元赔偿。对方在正常情况下都会说："不不不，真的没事。"大多数问题都能够顺利解决。如果成功的话，每件运动器材可获得20～30万韩元的报酬。就算只拿这些钱，你每天工作4个小时，每月就能赚到1000万韩元。假如你一开始没有信心，就只收10万韩元，慢慢积累经验就可以了。如果你想要赚更多的钱，就可以把业务扩张到全国。招聘员工，不只做运动器材搬迁，把搬家公司做不了的所有项目都放到博客上营销也是可以的。当规模扩大时,你也可以大规模的经营搬家公司。我现在不是说让你系统化或者商业化,如果你感觉雇用员工有负担,那么自己处理所有的事情就可以了。首先要集中精力每月赚到1000万韩元。

一个月前,我想把我的床扔了,但是我自己不敢拆,而且后续的垃圾处理也比较麻烦。于是我在网上搜索"江南床垃圾处理",结果正好有我想要找的公司。收到委托后,两名员工过来帮忙拆卸了床,并且还给贴上了已处理过的废弃物标签[1]。我惊讶于这个公司正按照上面所说的那样开展工作,于是就问了一下职员:"你们老板一定很年轻吧?这么会做生意。"回答却很意外:"我们老板是位40岁出头的女士。"如果你是女性,看着上面的项目,一定会觉得"我做不到"。但是这位女士靠这个项目赚了钱。不要把"做不到"挂在嘴边,先着手去做吧,然后在失败的过程中升级。

当然,如果说运动器材搬迁业务既需要二手车,也需要器材拆卸或组装的专业性,那么前面我说的家具组装,连这些也不需要。

b. 家具组装上门服务

应该从什么做起呢?做生意的顺序是这样的,先以"江南

---

[1] 韩国在处理大件垃圾时,需要居民先向当地政府有关部门申报,工作人员对废弃物进行检查、贴上标签、收取费用后,再由有关部门收走。

家具组装上门服务""论岘洞家具组装代理""鹤洞DIY（Do-It-Yourself）上门服务"等方式创建博客，并附上你上门组装的照片就可以了。如果你想把生意做大，就把全国的洞[1]和区的名称都找出来就行了。当你接到订单，每件只需收取2~4万韩元。假如你还没有经验，可以先收1万韩元，先让自己尽快熟练掌握技能，而且要尽可能多地接听咨询电话。等到你积累了一定的经验，成为熟练工人，你就可以拿到每件2~3万韩元。如果一天能处理8件的话，你就能挣到比一般大企业上班族工资还要多的钱。

你想赚更多的钱？提高单价就行了。因为只要是上门服务，就需要在路上花时间，所以你也可以问："除了这些，还有什么东西可以帮你组装的吗？费用可以打折。"帮对方解决不方便做的事情，赚取额外费用。因为反正人已经叫来了，再多加点钱就能顺便解决一些其他的问题，客户会很容易接受。另外，在工作过程中，你会听到顾客的各种不方便的事情。

如果你读到这里，你有可能反驳说："如果客户是女性，她有可能不让我进屋。"做生意只要肯想办法，所有的问题都能解决（所以第五章的不断训练大脑很重要）。

如果你的客户是女性，不愿意让一个上门组装的员工进入到家里，你可以说："您按时把东西放到门外吧。我组装好以

---

[1] 洞，韩国行政区划。

后给您发短信。包装纸我也会自己处理好的。"另外，你还可以将他们遇到的各种困难商品化，制定价格，提供帮助。当你累积到一定程度时，你的公司就会解决掉那个区域出现的所有难题。

做生意是一个解决问题的游戏，所以工作中会出现各种各样的问题。你只要按照逆行者七步法一步一步地走，解决这些问题的力量自然而然就生成了。有些人会怀疑说："那样每个月赚1000万韩元就能成为富翁吗？"也有些人在博客上发了两篇文章后就会说："什么跟什么啊？根本没人打电话啊。"也有些人因为客户提出无理要求，感到不快，而直接说不做了。复习一下前面提到的基因误指挥吧。我希望你能从第二章"摆脱自我意识"开始，再读一遍。

2. 马桶疏通上门服务

这个项目只需要一个疏通马桶的工具。让我们计算一下，如果你住在江南，潜在客户就有50万人。过去的一年你家马桶堵过吗？家庭住户一般一年会有一两次马桶被堵的情况，更不用说那些被无数人随便使用的店铺里的马桶了。而疏通马桶几乎是每个人都不愿去做的事情。粗略计算来看，每天有近1500名江南人因马桶堵塞而饱受煎熬。其中，有多少人会因为抱着自己死也不想去疏通马桶，而是希望别人能替他们疏通的想法而在网上搜索的呢？如果非常保守地按1%来算的话，每天可能有

15个人打电话给你。假设每单能拿到2～3万韩元的话，这同样也是一个值得一试的无资本创业。之后可以继续拓展的项目更是数不胜数。

有人说："你计算得太乐观了，我认为江南区每天接到的订单不会超过3个。"如前所述，做生意就是解决"问题"的游戏。如果你说得对，那么你把首尔所有的区都拿下不就行了吗？如果说首尔有15个区，那就意味着每天有45通电话。没有几个韩国的城市的公共交通能像首尔那样快速、价格低廉。因为公共交通几乎实现了全域覆盖。如果你骑摩托车，那就更好了。如果你自己开车，也可以根据距离收取不同费用。最重要的是，在我看来，如果你每天只能接到3单，那是因为你的营销不够。因为正如前面所说，马桶堵塞的现象在任何地方都是不可避免的。这是可以通过研究网络营销，包括博客营销来优化、解决的问题。

3. 上门开锁服务

与前面的情况相似。此时此刻，肯定有人在某个地方因为被锁在门外而苦不堪言。如果说这个项目和前面的情况有什么不同的话，那就是几乎每个小区都已经有了。但在网上，情况并非如此。大部分五金店和开锁店的老板几乎都不做博客营销，即使在Naver地图注册了，也是乱搞一气。如果你能解决这个问题，每天就能接到几十个电话。如果每天上门开20个锁，一个月就能赚1000万韩元以上。

你肯定会反驳说:"开锁技术怎么学?""如果门打不开怎么办?"大家可能还记得我在前面拿亲戚家弟弟的手机店举过例子。我那个弟弟原来每月也能赚600万韩元左右,但我帮他做博客营销后,6个月之后每月就能赚4000万韩元。"上门开锁"这一项目也是如此,只要你关注博客营销,做好Naver地图定位等细节,就能赚很多钱(可以参考自青博客)。在登录Naver地图时,你需要进行详细说明并附上照片,以提高可信度。另外,正如前面所说的,你要在博客上把几乎所有的区都放上去,比如"紫阳洞开锁""清潭洞钥匙店""狎鸥亭钥匙丢失"等。

接下来的问题是开锁技术。如果是我,我可能会攒下一大笔钱去找开锁公司,向开锁公司的老板提出这样的建议:"老板,我想学习速成开锁技术。我能跟您学一个星期吗?我不会打扰到您的,而且我会给您500万韩元的学费。以后我也不会在这附近开店,我会在100公里以外的地方开店。"

几乎没有老板会拒绝这个提议。开锁技术在某种意义上说已经是众所周知的了,如果你能明确地说明自己学它不是为了做坏事,而是为了创业的话,老板肯定会教你的。把你为什么要学习这个技术写在A4纸上。你觉得还不行?那就去找20个开锁公司吧。至少会有一两家教给你技术的。世上没有办不成的事情,只是你不愿意去想办法罢了。注意一定要不断训练大脑，警惕基因的误指挥并摆脱自我意识。

4. 垃圾代收服务

这是我最近发现的一件事。如前所述，我不久前搬到了杨平的一个山村，这里有很多50岁以上的退休老人居住的田园住宅。我把搬家时产生的各种垃圾都放到外面，奇怪的是，两个多星期都没人把垃圾拿走。"奇怪，难道是我垃圾分类没分好，所以垃圾车没有拉走吗？"我感觉不对劲，于是给房地产公司打了电话，却得到了意外的答复。

"哦，垃圾车不来这里。这个地方和首尔不一样，可回收物品和扔垃圾的地方离住的地方有1公里远，你得开车去才行。你可以把可回收物品和垃圾攒一个星期，然后在星期四的下午把它们装上车去扔掉。"

天哪，怎么会这么不方便呢？我甚至不得不用自己的车去运垃圾，而且帮忙打扫我家卫生的清洁阿姨也不能代替我去做这件事情。我咨询房地产公司有没有代理公司，那边说没有。这就是一个商机啊！

① 加平、杨平、南杨州等地高档住宅区数不胜数。很多从大城市退休的有钱人都在首尔郊区盖了大宅子，过着悠闲的生活。他们有很多钱，但没有地方花。所以他们大都把钱花在解决麻烦的问题上。因为住宅区很多，所以像我这样经历过

不便的人也会很多。

② 这是前面所说的网络营销不可能实现的领域。先做宣传单，制作以"一周一次为您代办垃圾分类"为主题的宣传单，然后在首尔郊区的高级住宅区分发传单。

③ 高档住宅到处都是。靠近梁平一带，加平、南杨州、利川、汝州、河南等地应该超过5000套。发传单后，至少会有200～300处住宅的人联系你。如果没人联系你，说明你做的宣传单有问题。你必须修改宣传单的设计和上面的措辞。你可以附上你是值得信赖的企业的证明书，或者是你的个人头像、工作照片、履历等来提高你的可信度。宣传单有可能不大好公开，你也可以在其他地方张贴一下。如果你自己是一位退休的人，收到了传单，你会有很多疑虑：这会不会是小偷啊？是皮包公司吧？为了消除他们的疑虑，你可以用短信的形式向他们发送你的照片或者你在活跃运营的博客。

④ 从联系过的200～300处住宅中筛选出100多处，删除那些低效率的回收路线或太远的住宅。而如果特定的住宅聚集区申请特别多的话，你就集中做那里。每周一次，价格定为2万韩元。这样一个月就是四次，帮100个住宅处理垃圾，每月就能赚800万韩元。如果你的服务好，做过一次的住户就会自动帮你打广告。住在郊区住宅区的人有他们自己的群，广告会传播得很快。因为几乎所有住在高档住宅区的人都会遇到同样的麻烦，所以你很快就能推广你的业务。

如果这个项目成功了，你还可以把它拓展到全国。如果运气好的话，你还可以和地方自治团体或建筑公司签订协议，成为指定代理企业。现代社会是预告"劳动终结"的时代。越来越多的富有的退休者们不再像以前那样和子女组成大家庭，住在市中心，住在城市郊区的退休人口很可能会持续增加。你只要在初期竞争中尽快成为龙头企业，就有可能成长为这个领域的第一品牌，也有可能超越个人企业，成为体面的中坚企业。别忘了，现在的大企业早期也是从这种小企业起家的。

现在，让我来听听你的反驳意见。

如果所有地区的回收日子都定在同一个周几，该怎么办？

不太可能。公寓的垃圾回收日也各不相同。垃圾回收企业或再利用物品企业也需要用有限的车辆和人员来实现全覆盖，所以肯定会分成特定的周几回收。即使是偏重特定的周几，只要把回收日子不同的几个小区组合起来运营就可以了。回收路线可能会稍微长一点，但回收企业也会考虑最佳的路线来回收，不会长到让你难以覆盖的程度。

如果每月只赚200万韩元怎么办？

先试一下最重要，就当是升级。在经历了多次失败和试行以后，我多次提到的升级是很重要的。如果你想要中乐透彩票，那就赶紧把这本书丢到垃圾桶里，然后去买彩票吧。

我需要住在郊区吗？

为了增加你的商业经验，我认为在郊区工作6个月来使工作升级也不错。如果你住在郊区某小区附近的话，因为经常来来回回，除了垃圾代收业务，你有可能还会发现其他的创业项目。

除了上述的4个项目，世界上还有无限的机会在向你开放。这些只是我在最近的搬家过程中注意到的一些不便之处，然后想出来的生意项目。如果你养成了这样寻找机会的习惯，就肯定会抓住几个好项目。让我们对身边人的故事侧耳倾听，不管去哪里看什么，都站在创业项目的角度去思考和提问吧。也许你会说："我想不出这样的主意……"这部分内容已经在"塑造身份认同"部分讨论过了，还是再重新翻开看看吧。

到目前为止，我讲的都是例子，只是大概地指出了如何在平凡的日常生活中找出创业项目，以及当你想到这些项目时，需要以何种方式将其商业化。另外，上面的例子只涉及如何以一个健康的身体来创业。如果你在某一领域有专长，或者你有编程或制造能力，这个故事就更加容易了。虽然我现在也经营着多个业务，但还是以3个业务为主，分别是复合咨询、网络营销和电子书出版。这些都是以各自的专业性和项目生产能力为基础，用到目前为止所说的同样的方式进行扩张的案例。即使前期吃点苦，只要你的项目真能解决人们的不便，给人们带来幸福感，市场就一定会很快地给你回应。

无论你在什么时候，处于什么阶段，熟悉逆行者七步法并不断升级，这才是最重要的。同样，等级是原因，财富才是结果。如果你赚不到钱，不要怪别人，不要怪社会，肯定是你的等级有问题。你需要回到逆行者七步法，再从头开始，一步一步地进行升级。如果你具备足够的实力，上帝会随时赐予你"人生自由"的祝福。

激发个人成长

多年以来，千千万万有经验的读者，都会定期查看熊猫君家的最新书目，挑选满足自己成长需求的新书。

读客图书以"激发个人成长"为使命，在以下三个方面为您精选优质图书：

1. 精神成长

熊猫君家精彩绝伦的小说文库和人文类图书，帮助你成为永远充满梦想、勇气和爱的人！

2. 知识结构成长

熊猫君家的历史类、社科类图书，帮助你了解从宇宙诞生、文明演变直至今日世界之形成的方方面面。

3. 工作技能成长

熊猫君家的经管类、家教类图书，指引你更好地工作、更有效率地生活，减少人生中的烦恼。

每一本读客图书都轻松好读，精彩绝伦，充满无穷阅读乐趣！

认准读客熊猫

读客所有图书，在书脊、腰封、封底和前后勒口都有"**读客熊猫**"标志。

两步帮你快速找到读客图书

1. 找读客熊猫

2. 找黑白格子

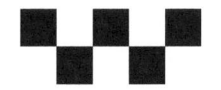

马上扫二维码，关注**"熊猫君"**

和千万读者一起成长吧！